建筑制图与识图

主　编　俞　兰　张　会
副主编　张乘风　侯传洲
参　编　徐　畅　耿亚娜　林梦艺　胡　颖
　　　　潘　玥　高钧铭　陈娟玲　李　瑾

东南大学出版社
·南京·

内容提要

本教材共分十章,主要内容包括建筑制图的基本知识,点、线、平面的投影,体的投影,建筑与室内形体的剖切投影,形体的相交与相贯,轴测投影图,透视图基本画法,建筑施工图,结构施工图,建筑装饰施工图等。每章开头均有导论,结尾有小结,便于读者更好地学习。计划学时为 60~80 学时。本教材有配套的习题集,可用于课程教学、学生自学和课后复习。

本书可作为高等院校建筑工程技术、建筑学、建筑室内设计专业学生的课程教材,也可作为城市规划、景观设计等专业的教材参考用书。

图书在版编目(CIP)数据

建筑制图与识图 / 俞兰,张会主编. — 南京 : 东南大学出版社,2020.10(2022.7重印)
　　ISBN 978-7-5641-9087-3

　　Ⅰ.①建… Ⅱ.①俞… ②张… Ⅲ.①建筑制图—识别 Ⅳ.①TU204.21

中国版本图书馆 CIP 数据核字(2020)第 152552 号

建筑制图与识图
Jianzhu Zhitu Yu Shitu

主　　编:俞　兰　张　会
出版发行:东南大学出版社
社　　址:南京市四牌楼 2 号　邮编:210096
出 版 人:江建中
责任编辑:戴坚敏
网　　址:http://www.seupress.com
电子邮箱:press@seupress.com
经　　销:全国各地新华书店
印　　刷:常州市武进第三印刷有限公司
开　　本:787mm×1092mm　1/16
印　　张:14.75
字　　数:371 千字
版　　次:2020 年 10 月第 1 版
印　　次:2022 年 7 月第 2 次印刷
书　　号:ISBN 978-7-5641-9087-3
印　　数:3001—4500 册
定　　价:45.00 元

土建系列规划教材编审委员会

前　言

本教材是为了适应土木建筑类专业"建筑制图与识图"课程的教学需要组织编写的,编写时参考了最新修订的制图国家标准及相关的技术标准、设计规范及标准设计图集。

在内容组织上,本教材将制图规范与工程实践相结合,从绘图与识图两个方面,着重培养学生的空间想象能力、几何图解能力和绘图读图能力。本教材体现高等教育职业性和实践性的特色,强调制图规范标准,降低理论知识难度,补充工程实践内容。我们与稼禾建设装饰集团合作,教材中增加了大量工程实例图纸,为学生的后续课程学习奠定良好的基础。

本书编写团队都是从事建筑相关专业一线的教学人员和工作人员,既了解学生的学习重点和难点,又熟悉实际工作中对制图与识图的要求,可以满足培养土建类专业高技能人才的需求。本教材是集体智慧的结晶,由俞兰、张会主编,张乘风、侯传洲为副主编,参编人员主要有徐畅、耿亚娜、林梦艺、胡颖、潘玥、高钧铭、陈娟玲、李瑾。另外,在这里要特别感谢侯传洲工程师以及稼禾建设装饰集团给予本次教材编写提供的支持和帮助。

由于编者水平有限,再加上时间比较仓促,教材中的缺点和错误之处在所难免,恳请专家和广大读者提出宝贵意见,以便我们在今后的修订过程中改进和完善,在此深表谢意!

编　者
2020 年 8 月

目 录

1

建筑制图的基本知识

导论

　　建筑制图是建筑设计的基本语言,是必须掌握的基本技能。为保证制图的质量和提高作图的效率,必须遵照有关制图的规范进行制图,以保证制图的规范化。本章要求了解图样的概念、图样的作用,掌握按制图标准绘制比例、字体及图线等。

　　通过本章的学习使学生掌握国家制图标准中图幅、比例、字体、图线、尺寸注法及《房屋建筑制图统一标准》(GB/T 50001—2017)的基本规定,掌握基本几何作图方法,掌握平面图形基本作图方法和尺寸标注。

　　【教学目标】　了解建筑制图的作用及其意义;掌握建筑工程制图标准和常用工具仪器的使用方法及基本操作步骤;掌握图线、制图比例、文字、尺寸标注的标准绘制方法;培养动手能力以及爱护工具的良好习惯。

　　【教学重点】　图纸幅面规格(A0～A4)、图线的种类、文字尺寸标注要求。

　　【教学难点】　图线不同线型、线宽的绘制和运用。

1.1　制图常规

1.1.1　图纸幅面

　　建筑制图采用国际通用的 A 系列幅面规格的图纸。A0 幅面的图纸称为零号图纸(0♯),A1 幅面的图纸称为壹号图纸(1♯),等等。(见图 1-1)

　　为了便于图纸管理和交流,通常一项工程的设计图纸应以一种规格的幅面为主,除用作目录和表格的 A4 号图纸之外,不宜超过两种,以免幅面参差不齐,不便管理。(见表 1-1)

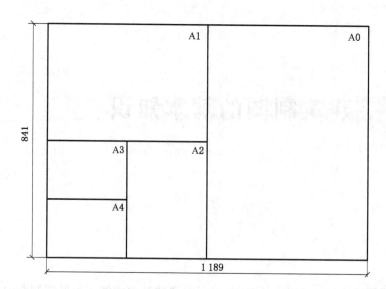

图 1-1　图纸标准尺寸(单位:mm)

表 1-1　图纸的幅面及图框尺寸(单位:mm)

图幅代号	A0	A1	A2	A3	A4	A5
$B\times L$	841×1189	594×841	420×594	297×420	210×297	148×210
a	25					
c	10			5		

注:B—图纸宽度;L—图纸长度;c—非装订边各边缘到相应图框线的距离;a—装订宽度。

当图的长度超过图幅长度或内容较多时,图纸需要加长。图纸的加长量为原图纸长边的 1/8 的倍数。仅 A0—A3 图纸可加长,且必须延长边。图纸以图框为界,图框到图纸边缘的距离与幅面的大小有关。图框的形式有两种:一种为横式,装订边在左侧;另一种为竖式,装订边在上侧。A0—A3 图纸宜用横式。图框线的中央有时需标对中线,对中线宽为 0.35 mm,伸入图框内 5 mm。

1.1.2　标题栏与会签栏

标题栏又称图标,用来简要地说明图纸内容。标题栏中应包括设计单位名称、工程项目名称、设计者、审核者、描图员、图名、比例、日期和图纸编号等内容。标题栏除竖式 A4 图幅位于图的下方外,其余均位于图的右下角。标题栏的尺寸应符合《房屋建筑制图统一标准》(GB/T 50001—2017)规定,常采用长边为 200 mm 或 240 mm,短边为 30 mm 或 40 mm 的范式;会签栏常采用 100 mm×20 mm 的范式(图 1-4)。需会签的图纸应设会签栏,其尺寸应为 75 mm×20 mm,栏内应填写会签人员所代表的专业、姓名和日期。会签栏应尽量简洁明了。在绘制图框、标题栏和会签栏时还要考虑线条的宽度等级。图框线、标题栏外框线、标题栏和会签栏分格线应分别采用粗实线、中粗实线和细实线。(见图 1-2、图 1-3、图 1-4)

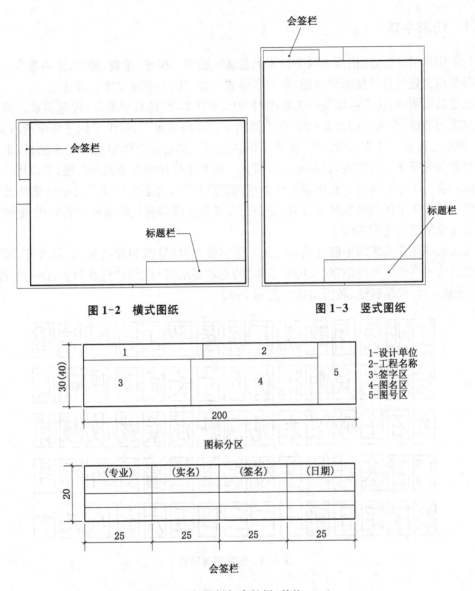

图 1-2 横式图纸   图 1-3 竖式图纸

图标分区

会签栏

图 1-4 标题栏与会签栏(单位:mm)

1.2 字体练习

    在建筑制图中,文字和数字以及字母是用来表示尺寸、名称和说明设计要求、做法等内容的,因此,图纸上所需书写的文字、数字及符号等,均应笔画清晰、字体端正、排列整齐,标点符号应清楚准确。如果字迹潦草、难以辨认,则容易产生误解,甚至造成工程事故。

1.2.1 仿宋字体

仿宋字体的诞生,正值西方科学技术大量涌入我国。机械、建筑、桥梁、铁路等专业技术成果都需要用大量的设计图纸来表述,仿宋字体成了在图纸上书写汉字的首选用字。

在建筑制图中,仿宋字体是手工制图时的标准字体,因其易于书写,规范美观。而其竖向长横向短的特性(高宽比约为3∶2),在不影响辨识度的情况下,减少了标注用字所占的面积。比如,图纸上需要标注施工做法时,如果采用高宽相等的仿宋字体需要一行半的话,采用同样字高的长仿宋字体一行即可,且同样可以辨认。图纸上标注的空余面积有限,所以用字占地在可辨识的前提下越小越好。长仿宋字体的笔画宽度较细,也是为了字号较小时依然具有辨识度。因为长仿宋字体的这些特质,即使是在当今工程图纸普遍用电脑制图的时代,制图规定的标准字体也依然是仿宋字体。

长仿宋字体是由宋体字演变而来的长方形字体,它的笔画匀称明快,书写方便,因而是工程图纸最常用字体。写仿宋字(长仿宋字体)的基本要求可概括为"行款整齐、结构匀称、横平竖直、粗细一致、起落顿笔、转折勾棱",见图1-5。

图1-5 仿宋字体字样

1.2.2 仿宋字体书写基本方法

1) 字格画法

在进行制图书写前应事先用铅笔淡淡地打好字格,再进行书写。字格高宽比例一般为3∶2。为了使字行清楚,行距应大于字距。通常字距约为字高的1/4,行距约为字高的1/3。字的大小用字号来表示,字的号数即字的高度,各号字的高度与宽度的关系见图1-6。

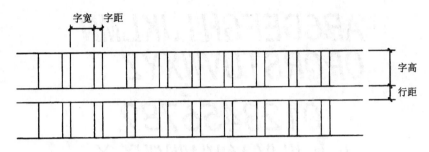

字宽　字距

字高

行距

图 1-6　仿宋体字格

2）仿宋字体基本笔画书写方法

仿宋字的笔画要横平竖直,注意起落。现介绍常用笔画的写法及特征(图 1-7):(1) 横基本要平,可略向上自然倾斜,运笔起落略顿一下笔,使尽端形成小三角,但应一笔完成;(2) 竖要铅直,笔画要刚劲有力,运笔同横;(3) 撇的起笔同竖,但是随斜向逐渐变细,运笔由重到轻;(4) 捺的运笔与撇的运笔相反,起笔轻而落笔重,终端稍顿笔再向右尖挑;(5) 挑划是起笔重,落笔尖细如针。

名称	横	竖	撇	捺	挑	点	钩
形状	一	丨	丿	㇏	㇏	丷	几
笔法	一	丨	丿	㇏	㇏	丷	几

图 1-7　仿宋体字体基本笔画

1.2.3　拉丁字母、阿拉伯数字及罗马数字

拉丁字母、阿拉伯数字可以直写,也可以斜写,见图 1-8、图 1-9。斜体字的斜度是从字的底线逆时针向上倾斜 75°,字的高度与宽度应与相应的直体字相等。当数字与汉字同行书写时,其大小应比汉字小一号,并宜写直体。拉丁字母、阿拉伯数字及罗马数字的字高应不小于 2.5 mm。

ABCDEFGHIJKLMN
OPQRSTUVWXYZ
0123456789
Ⅰ Ⅱ Ⅲ Ⅳ Ⅴ Ⅵ Ⅶ Ⅷ Ⅸ Ⅹ

图 1-8　直体

ABCDEFGHIJKLMN
OPQRSTUVWXYZ
0123456789
Ⅰ Ⅱ Ⅲ Ⅳ Ⅴ Ⅵ Ⅶ Ⅷ Ⅸ Ⅹ

图 1-9　斜体

1.3　线型练习

我们所绘制的建筑图样是由图线组成的,为了表达图样的不同内容,并能够分清主次,须使用不同的线型和线宽的图线。

1.3.1　基本线型

建筑制图中,不同的线型表示不同的内容,具体见表 1-2。

（1）实线:表示实物的可见线、剖断线及材料表示线等,制图时可用粗细不同等级的实线,如剖断线最粗、材料表示线最细、其他取中等。

（2）粗实线:表示物体的可见轮廓、剖切线、剖面图的截面等。

（3）中实线:表示物体的可见轮廓线。在图纸中,中实线的用途最多,比如室内家具的轮廓线。

（4）细实线:表示尺寸线、尺寸界线、文字线和假象轮廓线。

（5）点画线和双点画线:可用来表示轴线、中心线等。

（6）折断线:断开界线。

表 1-2　基本线型示例

名称	线型	线宽	用　途
粗实线	——————	b	平、立剖面图中主要构造的轮廓线
中实线	——————	$0.5b$	平、立剖面图中次要构造的轮廓线
细实线	——————	$0.25b$	一般构造的图形线
超细实线	——————	$0.15b$	细部的润饰线、尺寸线、标高符号
中虚线	- - - - - -	$0.5b$	不可见的灯带
细虚线	- - - - - -	$0.25b$	不可见的轮廓线
点画线	—— · —— · ——	$0.25b$	中心线、对称线、定位轴线
折断线	——／——	$0.25b$	不需要画全的断开界线

1.3.2 基本线型绘制方法

（1）在同一张图纸内，相同比例的图样应采用相同的线宽组。见图 1-10。

（2）互相平行的图线，其间隙不宜小于其中的粗线宽度且不得小于 0.2 mm。

（3）虚线、单点画线或双点画线的线段长度和间隔应各自相等。

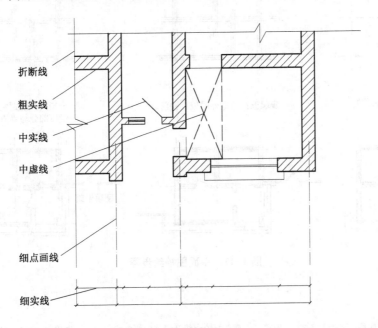

图 1-10　基本线型绘制

（4）单点画线或双点画线的两端应是线段而不是点，虚线与虚线、单点画线与单点画线或者单点画线与其他图线相交时应是线段相交；虚线与实线交接时，当虚线在实线的延长线方向时，不得与实线连接，应留有一段间距。

（5）在较小图形的绘制中绘制单点画线或者双点画线有困难时，可用实线代替。

（6）图线不得与文字、数字和符号重叠、混淆，不可避免时应首先保证文字等的清晰。

1.4　抄绘图样

抄绘是指用专用笔按比例手绘出图纸，也可以说是复制。在进行图样抄绘时比例可由自己决定。图纸上的尺寸单位，除标高及总平面以米为单位外，其他的均以毫米为单位。

抄绘图样的目的及意义在于对训练项目的集成表现，对后续设计方案的起始表达练习，以及对设计内容的初步了解。（见图 1-11、图 1-12、图 1-13）

平面图画法分解

步骤一：2H铅笔打底稿，画轴线，定位辅助线，线型为点画线，要清淡。

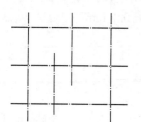

步骤二：以轴线为中心往两侧画墙线，细实线。

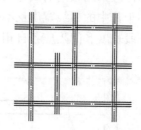

步骤三：画门窗，定位，修改细部，确定门窗的表达。

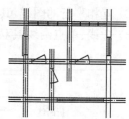

步骤四：画室内外过渡部分——踏步

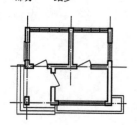

步骤五：画室外围墙、铁门。

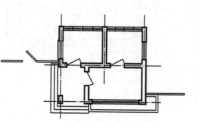

步骤六：确定室外场地的组成部分与界限范围。

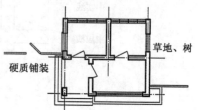

图 1-11　平面图抄绘步骤

立面图作图步骤

步骤一：2H铅笔打底稿，画轴线，定位辅助线，线型为点画线，要清淡。

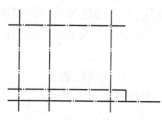

步骤二：画立面轮廓线及墙体的投影线。

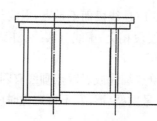

步骤三：画门窗轮廓线。

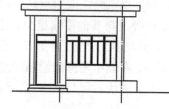

步骤四：画围墙、配景树。

步骤五：加粗轮廓线。
建筑外轮廓线1 mm、内轮廓线0.5 mm，地平线1.5 mm。

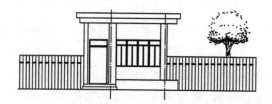

图 1-12　立面图抄绘步骤

剖面图作图步骤

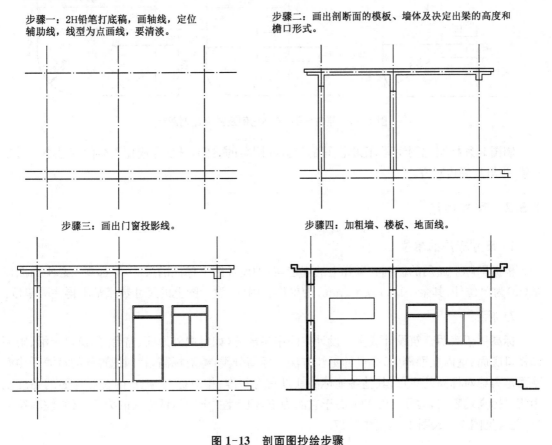

步骤一：2H铅笔打底稿，画轴线，定位
辅助线；线型为点画线，要清淡。

步骤二：画出剖断面的模板、墙体及决定出梁的高度和
檐口形式。

步骤三：画出门窗投影线。

步骤四：加粗墙、楼板、地面线。

图 1-13　剖面图抄绘步骤

1.5　图样比例与尺寸标注

1.5.1　图样比例

　　比例是图上尺寸与实物尺寸之间的比值关系，即图距∶实距＝比例。等于1的比例称为原值比例，比值小于1的比例称为缩小比例，比值大于1的比例称为放大比例。

　　图样表现在图纸上应当按照比例绘制，比例能够在图幅上真实地体现物体的实际尺寸。比例的符号为"∶"，比例应以阿拉伯数字表示，如1∶1、1∶2等，比例宜注写在图名的右侧，与字的基准线应取平，比例的字高宜比图名的字高小1号或2号。图纸的比例针对不同类型有不同的要求，如总平面图的比例一般采用1∶500，1∶1 000，1∶2 000，同时，不同的比例对图样绘制的深度也有所不同。（见图1-14）

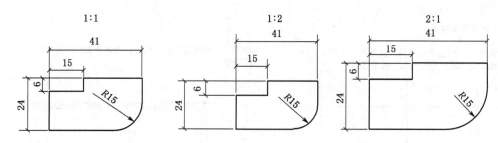

图1-14 原值比例、缩小比例及放大比例图示

制图时须标明比例注写,比例注写的位置在图名的右侧,其字号应比图名的字号小1号或2号,并与其底边对齐。

1.5.2 尺寸标注

1)尺寸标注的单位

根据国际上通用的惯例和国际上的规定,各种设计图上标注的尺寸,除标高及总平面图以米(m)为单位外,其余一律以毫米(mm)为单位。因此,设计图上的尺寸数字都不再注写单位。

2)标高

标高用于表明建筑设计或室内设计空间中各部分(如室内外地面、窗台、门窗口上沿、雨棚和檐口底面、室内立面等处)高度的标注方法。标高分类:绝对标高,我国把青岛的黄海平均海平面定为绝对标高的零点,其他各地标高都以它为基准;相对标高,把室内首层地面的高度定为相对标高的零点,写作±0.000,高于它的为正,但不注"+"号,低于它的为负,必须注写符号"—"。(见图1-15、图1-16、图1-17)

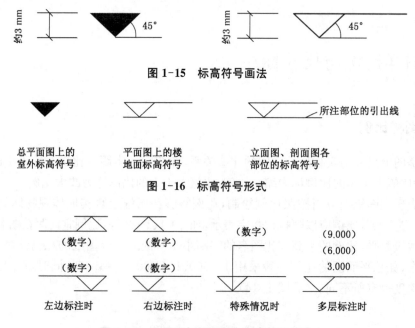

图1-15 标高符号画法

图1-16 标高符号形式

图1-17 立面图与剖面图上标高符号注法

3）标高单位

标高数值以米（m）为单位，一般注至小数点后三位（总平面图中注至小数点后两位）。

1.5.3　尺寸标注的组成要素

尺寸的组成包含四大要素：尺寸界线、尺寸线、尺寸起止符号、尺寸数字。（见图 1-18）

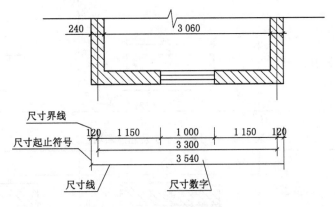

图 1-18　尺寸标注的图例构成

（1）尺寸界线：也用细实线绘制，与被注长度垂直，其一端应离开图样轮廓线不小于 2 mm，另一端宜超出尺寸线 2～3 mm。必要时图样轮廓线可用作尺寸界线。

（2）尺寸线：应用细实线绘制，一般应与被注长度平行。图样本身任何图线不得用作尺寸线。

（3）尺寸起止符号：一般用中粗斜短线绘制，其倾斜方向应与尺寸界线成顺时针 45°角，长度宜为 2～3 mm。

（4）尺寸数字：图样上的尺寸应以数字为准，不得从图上直接量取。

1.5.4　尺寸标注的画法

在进行制图时，尺寸界线、尺寸线等用细实线绘制；尺寸起止符号用中粗短线绘制，与尺寸界线成顺时针 45°方向倾斜；尺寸数字一般按照读数方向标写在尺寸线上方中部，当条件不具备时，还可以视具体情况调整。（见表 1-3、表 1-4）

表 1-3　尺寸标注示例及注意事项（一）

说　明	对	不对
尺寸数字应写在尺寸线的中间，在水平尺寸线上的应从左到右写在尺寸线上方，在铅直尺寸线上的，应从上到下写在尺寸线左方		

续表

说　明	对	不对
长尺寸在外,短尺寸在内	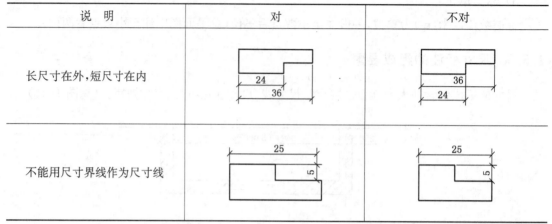	
不能用尺寸界线作为尺寸线		

表1-4　尺寸标注示例及注意事项(二)

说　明	对	不对
在断面图中写数字处,应留空不画断面线		
两尺寸界线之间比较窄时,尺寸数字可注在尺寸界线外侧,或上下错开,或用引出线引出再标注		
桁架式结构的单线图,将尺寸直接注在杆件的一侧		

(1)尺寸界线应用细实线绘画,一般应与被注长度垂直,其一端应离开图样的轮廓线不小于2 mm,另一端宜超出尺寸线2~3 mm。必要时可利用轮廓线作为尺寸界线。

(2)尺寸线应用细实线绘画,并应与被注长度平行,但不宜超出尺寸界线之外。图样上任何图线都不得用作尺寸线。

(3)尺寸起止符号一般应用中粗短斜线绘画,其倾斜方向应与尺寸界线成顺时针45°,长度宜为2~3 mm。半径、直径、弧度、弧长的尺寸起止符号用箭头或圆点表示。

(4)尺寸数字应依据其读数方向注写在靠近尺寸线的上方中部,如没有足够的注写位置,最外面的尺寸数字可注写在尺寸界线外部,中间相邻的尺寸数字可错开注写,也可引出注写。

(5)尺寸标注不宜与图线、文字、符号等相交。

(6)图线不得穿过尺寸数字,不可避免时应将数字处的图线断开。

(7)前后和左右不对称,则平面图的四边都应注写三道尺寸。如有些部分相同,另一些部分不相同,则可只注写不同的部分。

(8)在三道尺寸线中,小尺寸线应离轮廓线较近,大尺寸线离轮廓线较远。图样最外轮廓线距最近尺寸线的距离不小于 10 mm。平行排列的尺寸线间的距离宜为 7～12 mm,并应保持一致。最外面尺寸界线应靠近所指部位,中间的尺寸界线可稍短,但其长度应相等。(见表1-5)

表 1-5 尺寸标注示例及注意事项(三)

说 明	对	不对
尺寸线倾斜时数字的方向应便于阅读,尽量避免在斜线范围内注写尺寸		
同一张图纸内尺寸数字大小一致		
轮廓线、中心线可以作为尺寸界线,但不能用作尺寸线		

【复习思考题】

1.1 书写仿宋字

一	二	三	四	五	六	七	八	九	十	乙	丙	丁	戊	己	庚	辛	壬	癸	东	西	南	北
内	外	上	下	正	背	平	立	剖	面	图	灰	沙	泥	瓦	石	木	混	凝	土	构	造	施
工	放	样	电	力	照	明	分	配	排	卫	生	供	热	采	暖	通	风	消	防	声	比	例
公	尺	分	厘	毫	米	直	半	径	材	表	格	单	元	管	道	断	裂	吊	装	标	号	强
度	孔	洞	位	置	梁	板	柱	框	基	屋	架	坡	度	墙	身	抹	灰	修	窗	油	漆	毡
垫	层	护	脊	天	沟	雨	落	漏	斗	檐	台	阶	栏	杆	扶	手	踏	楼	梯	玻	璃	厚
刷	压	光	色	彩	剔	除	凿	处	理	挖	支	撑	杆	件	体	系	炉	鼓	风	气	煤	泵
套	筒	冻	塔	洗	盆	厂	房	生	活	宿	舍	办	公	食	堂	影	剧	院	制	图	结	构
1	2	3	4	5	6	7	8	9	0													
A	B	C	D	E	F	G	H	I	J	L	M	N	O	P	Q	R	S	T	U	V	W	X
Y	Z																					

1.2 阐述说明建筑制图尺寸标注的四要素。

1.3 尺寸标注

(1) 标注图 1-19 的尺寸(比例 1:20)。

(2) 分析图 1-20 尺寸标注的错误,并给出正确标注。

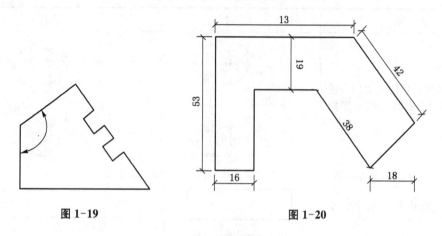

图 1-19   图 1-20

【本章小结】

本章介绍了建筑制图基本知识,学习建筑制图的基本规定,是本书的基础内容,该部分内容是否掌握,对后续课程的学习起着铺垫启后的作用。因此,对本章学习的基本要求有以下几点:

1. 掌握建筑制图国家标准中的图纸幅面、线型、字体、比例、尺寸标注基本规定。

2. 熟练书写长仿宋字体、拉丁字母、阿拉伯数字及罗马数字。

3. 正确使用制图仪器及工具,掌握绘图规范和方法。

4. 正确阅读和绘制一般难度的图样,所绘制图样应符合国家标准《房屋建筑制图统一标准》(GB/T 50001—2017)。

2 点、线、面的投影

导论

本章主要讲解了点、线、面的投影,包括投影体系的建立、投影的画法、各种位置的投影等。要求了解投影的来源,掌握投影体系的画法,理解投影的相对位置情况。

【教学目标】 熟练掌握点的三面投影规律及作图方法;熟练掌握各种位置直线的投影特性和作图方法;掌握直线上的点的投影特性及定比关系;掌握两直线平行、相交、交叉三种相对位置的投影特性;熟练掌握用直角三角形法求一般位置直线段实长及其对投影面倾角的方法;掌握直角的投影定理及其应用;特殊位置平面的投影特征并正确画出其投影。

【教学重点】 点、直线和平面的投影特征,以及直线的定比性,判断两直线的相对位置和平面内取点、线的方法。

【教学难点】 直线的定比性;判断两直线的相对位置;平面内取点、线的方法。

2.1 投影的基本知识

2.1.1 投影的形成

1）投影的形成是一种自然现象

在阳光下物体会在地面上留有影子;夜晚来临后,在灯光下物体也会产生影子;拍照片时,被照射的物体在底片上也会留下投影。

投影是一种自然现象,如图 2-1(a)所示。

(1) 光源:太阳、灯光、相机镜头。

(2) 光线:太阳光线、灯光、人的视线。

(3) 投影面:接收影子的面,可以是桌面、墙面等。

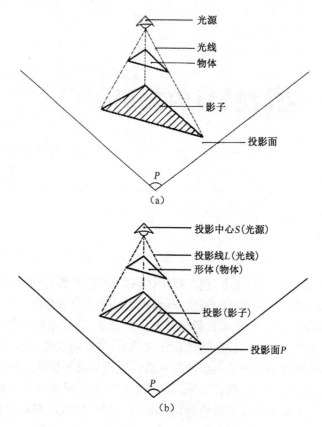

图 2-1 投影的形成

2）启发：影子与物体非常相似，在一定条件下，可以代替物体

如图 2-1(b)所示，投影表达看到的形体，并唯一地、完全地表达形体。形体和投影内在的联系，称为投影原理。也被称为画法几何，它是课程的理论基础。

2.1.2 投影的分类

根据投影中心和投影面之间的位置分为两大类：中心投影与平行投影。

1）中心投影

投影线聚焦为一点——投影中心 S 上，也就是说投影中心距离与投影面之间的距离是有限的，这样得到的投影叫中心投影。它表现物体的外部情况，特点为近大远小，即为透视图。

2）平行投影

投影中心和投影面之间距离无限大时，称为平行投影。如太阳光离地球无限远时，太阳光为平行光。图 2-2 中，当投影线 L 垂直于 P 时，为正投影。因为常用，简称为投影。图 2-3 中，当投影线 L 斜于 P 时，有角度，这种投影称为斜投影。

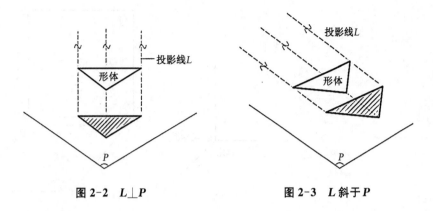

图 2-2　*L*⊥*P*　　　　　图 2-3　*L* 斜于 *P*

2.2　点的投影

2.2.1　点的投影取得

点是最基本的几何元素,点的投影就是用点投影表达点在空间中的位置。如图 2-4 所示,投影线 *L* 过点连垂直线,垂直于投影面 *P* 的线交于点 *a*,*a* 为空间点 *A* 在 *P* 面上的投影(正投影)。

结论:

(1)一个投影面只有唯一的一个投影。

(2)确定不了空间点的位置,它可以在投影线上下任意位置,所以需要增加一个投影面来解决问题。

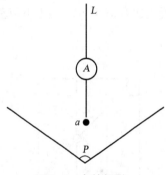

图 2-4　点的投影

2.2.2　点的两面投影

点的一个投影不能表达点在空间中的位置,因为点的一个投影只能反映二维(两个方向),可以反映左右、前后两个方向,不能反映上下。但是表达空间需要三个方向才可以,所以需要建立两个投影面,取得两个投影。

1)两投影面体系的建立

用两投影表达空间中的点的位置。在空间中反映点的三个方向:如图 2-5(a)所示,是我们之前习惯用的坐标,图 2-5(b)是投影坐标,坐标代表直角。图 2-5(c)是两面投影体系,*V* 面是正投影面,反映空间中的点上下和左右的情况;*H* 面是水平投影面,反映前后、左右的情况。因为投影线是互相垂直的,所以投影面也相互垂直,这样就建立起了两面投影体系,简称"两面体系"。

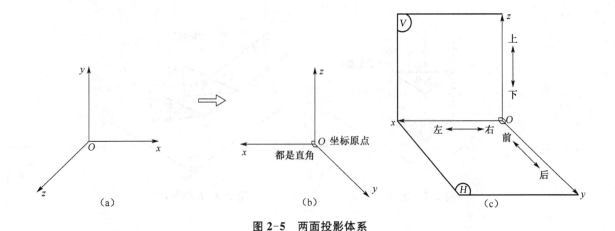

图 2-5　两面投影体系

2）点的两面投影

（1）用点的两面投影表达空间中点 A 的位置。空间中有点 A，光线从上至下照射，H 面得到投影 a，光线从前向后照射，V 面得到投影 a'。$A(a,a')$ 两个投影确定了点 A，左右与前后方向位置表达为 $a(XA,YA)$，上下与左右方向位置为 $a'(XA,ZA)$，如图 2-6(a) 所示的立体示意图。

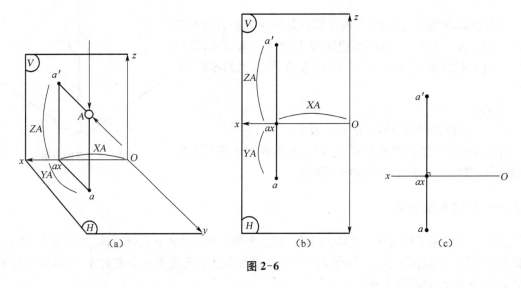

图 2-6

（2）两面体系的展开。投影图将两个投影面画到一张纸上，将 V 面展开，x、y 向左向下移动旋转 $90°$，两个投影面为一个平面。图 2-6(b) 是立体示意图展开之后的两面体系。为了方便作图，可以把多余的线去掉，如图 2-6(c) 的简化法。

（3）点的投影规律。从立体示意图 2-6(a)、(b) 中我们可以发现点的投影规律：①两投影的连线垂直投影轴，$aa' \perp OX$；②空间点 A 到投影面的距离等于另一投影到投影轴的距离，$Aa = a'ax$。

【**例题 2-1**】　依据立体示意图 2-7(a) 画两面投影图。

【**解**】　如图 2-7(a) 所示，B 点在空间中的两个投影 b（H 面）、b'（V 面）。通过测量，我们得知 XB 尺寸为 $20\ \text{mm}$，YB 为 $25\ \text{mm}$，ZB 为 $40\ \text{mm}$，如图 2-7(b) 所示，$B(20,25,40)$。由此

我们可以画出 B 点的两面投影体系图 2-7(c)和简化法的图 2-7(d)。

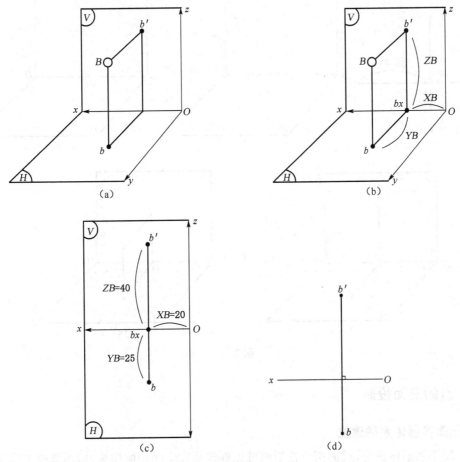

图 2-7

【例题 2-2】 已知 $C(25,15,20)$ 画出投影图和立体示意图。

【解】（1）投影图：先画出坐标 OX，找到 OX 的距离 25 mm，再向上作尺寸为 20 mm 的垂线，找到在 V 面的投影点 c'，再向下作尺寸为 15 mm 的垂线，找到在 H 面上的投影点 c，链接 cc' 完成投影图 2-8(a)。

（2）立体示意图：根据投影图我们来绘制立体示意图。

① 绘制投影轴，并用粗线表示，如图 2-8(b)所示。

② 在 OX 轴上先找到点 cx，从 O 点向左 25 mm，如图 2-8(c)。

③ 沿 cx 向上移动 20 mm 找到点 c'，如图 2-8(d)。

④ 沿 cx 向下移动 15 mm 找到点 c，如图 2-8(d)。

⑤ 通过点的投影规律，可以找到空间点 C，如图 2-8(e)，完成立体示意图。

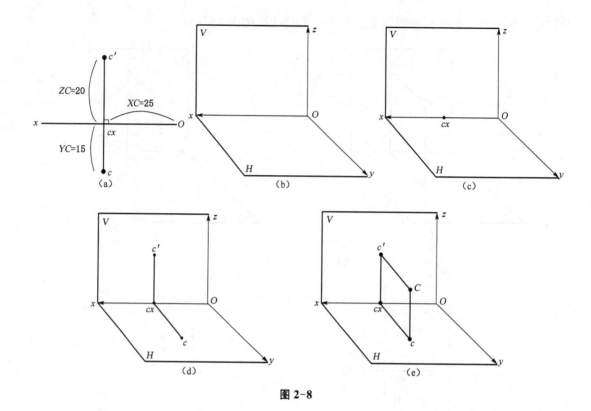

图 2-8

2.2.3 点的三面投影

1) 三面投影体系的建立

对于复杂的形体而言,点的两个投影图可以确定体在空间中的位置,但不能确定体在空间中的形状。两个投影表达不清楚的时候,需要加一个投影面,变成三面投影体系,如图 2-9(a)所示,在 V 面(正投影面)、H 面(水平投影面)的基础上加一个 W 面(侧立投影面)。

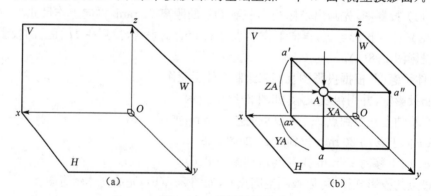

图 2-9 三面投影体系

假设空间中点 A,从上向下照射得到投影 a,从前向后得到投影点 a',从左向右得到投影点 a'',图 2-9(b)是 A 点的立体示意图。如图所示,投影面 W 可以反映上下、前后的情况,W 从坐标上来说,它可以反映一个 Z 坐标、一个 Y 坐标,即 $a''(YA,ZA)$。空间点 A 用三个投影

表示 $A(a,a',a'')$，$a(XA,YA)$ 代表 X、Y 坐标，$a'(XA,ZA)$ 代表 X、Z 坐标，$a''(YA,ZA)$ 代表 Y、Z 坐标。虽然 a、a' 两点已经把确定一个空间点需要的三个坐标 X、Y、Z 投影都具备了，有两个投影就可以了，但是将来研究形体时，两个投影不能表达体的形状。因此，要研究三面的投影，三个投影是把 X、Y、Z 坐标表达了两次。

2）三面体系的展开

如图 2-10 所示，让 W 投影面围绕着 OZ 轴向后向右旋转 $90°$，W 面向上移动，将立体示意图展开，得到三面体系。

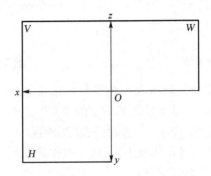

图 2-10　三面体系展开

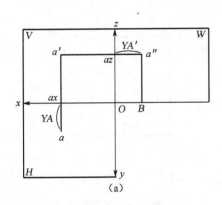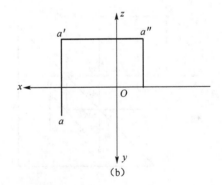

（a）　　　　　　　　　　　　　　　　　　（b）

图 2-11　三面投影取得

（1）点的三面投影取得：a'' 我们如何取得呢？如图 2-11（a）所示。

① 两个点的连线垂直相应的轴，得到点 az、ax。

② 点的投影面的距离（YA）等于另一个投影到投影轴得距离（YA'），$YA=YA'$。

③ a'' 向下作垂线得到 B，$a'ax=a''B$。

画图时可不要边框，只画三个轴即可，如图 2-11（b）所示。

（2）"二求三"法，只要有两个投影就可以把第三个投影求出来，所以叫"二求三"。

① 度量法：由于我们知道点的投影面的距离（YA）等于另一个投影到投影轴的距离（YA'），$YA=YA'$，所以我们可以通过测量 a、ax 之间的距离 YA，得到 YA 的尺寸，从而得到 a''，如图 2-12。

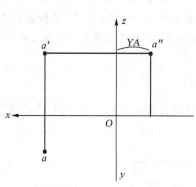

图 2-12　度量法

图 2-13　圆弧法

② 圆弧法:由点的投影规律知道 a'' 在 a' 的平行延长线上。如图 2-13,过 a 点画一条平行线垂直于 YH 轴,得到点 ayH,它是 a 点在 Y 轴上的交点。以 O 为圆心,以 O 到 ayH 为半径,交于 ayW。把 ayW 直接向上拖,交于 a'',这就是我们求的点。

③ 45°斜线法:画好坐标轴,过 a' 作水平线,过 a 点作垂线到 ayH,用 45°三角板引 45°斜线交于 ayW,向上作垂线交于 a'',如图 2-14。

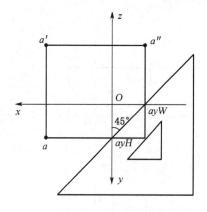

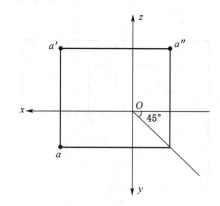

图 2-14　45°斜线法

图 2-15　正方形法

④ 正方形法:过 O 点作 45°分角线,过 a 点引直线交于分角线,沿交点向上交于高度点 a' 引出的水平线,得到 a''。这是用作多边形的方法所得,几个线段长度相等。几种方法中用得最多的是正方形法。如图 2-15。

【例题 2-3】　由立体图 2-16(a)画点的三面投影图。

【解】　(1) 先画好轴线,由立体示意图测量出 XB 的距离,从零坐标向左测出 XB 的尺寸,向下作垂线,在立体示意图中再测量出 YB 的尺寸,从而找到 b 点,如图 2-16(b)、图 2-16(c)。

(2) 根据点的投影规律上移,找到 b' 点,如图 2-16(d)。

(3) 用正方形法找到 b'',如图 2-16(e)。

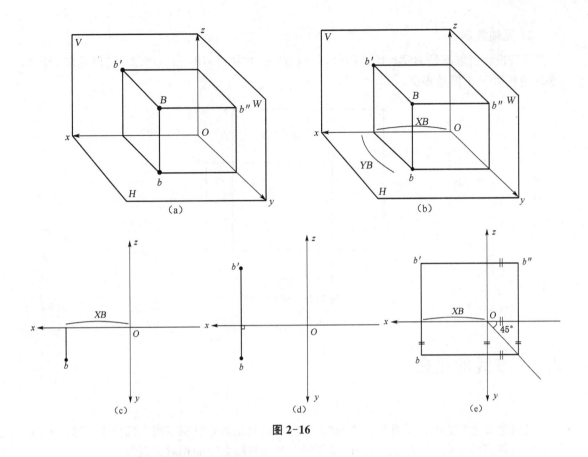

图 2-16

2.2.4 两点的相对位置及无轴投影

1) 两点的相对位置

图 2-17(a)是空间点 A 与空间点 B 的立体示意图,由立体示意图很容易看出来 A 点与 B 点的相对位置;图 2-17(b)是投影图,X 轴向左是正值,Y 轴向下是前,Z 轴向上是上,反之亦然。从 Δx 可以看出,B 点在 A 点之右,Δy 可以看出 B 点在 A 点之前。再看上下情况,从 Δz 可以看出,B 点在 A 点之下。

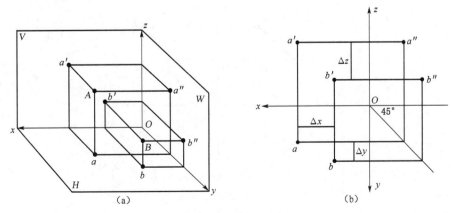

图 2-17 两点的相对位置

2）无轴投影

无轴投影意思就是轴没有什么用处，可以省略。如图 2-18，Δx、Δy、Δz 的值是多少就知道 B 值相对于 A 值差多少。

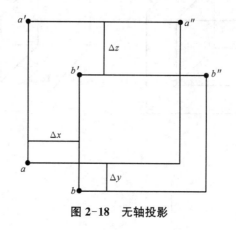

图 2-18　无轴投影

2.3　直线的投影

几何意义上的直线是没有粗细之分的，研究直线只是研究它在空间中的位置。这一节，除了研究一条直线在空间中的位置之外，还要研究两条直线之间的相对关系。

2.3.1　直线的投影取得及直线上取点

1）投影取得

如图 2-19(a)所示，A 点的两面投影 a、a'，B 点的两面投影 b、b'，把 ab 和 $a'b'$ 在同一投影面上的投影连起来形成直线的同面投影，再求出其 W 面的直线投影。

已知点的两个投影就可以确定点在空间中的位置，那么由点的连接确定下来的两条线的

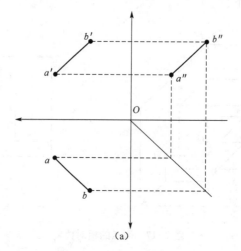

(a)

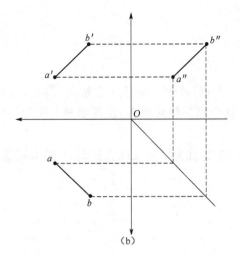
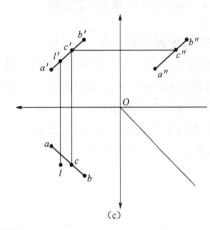

图 2-19　投影取得

投影也可以确定在空间中的位置,求第三个投影面的投影,用"二求三"的方法找到 a'' 和 b'',连接两点得到直线的第三个面的投影,如图 2-19(b)所示。

2）线上取点及定比定律

AB 线上有 C 点,那么 C 点投影一定在直线的同面投影上。如图 2-19(c),点 c' 在点 a' 和 b' 的直线上,那么点 c 和 c'' 必然在线 ab 和 $a''b''$ 上。

结论:空间点在直线上,那么点的投影也一定在直线的同面投影上。但是也有特例,如图 2-19(c),l' 在 $a'b'$ 上,但 l 不在 ab 上,那么不用求第三面投影了,显而易见现在就可以确定 L 一定不在直线上。必须点的所有投影都在点的投影上,那才是直线上的点。

定比定律:AB 线取 C 点,使 $AC:CB=2:3$。

分析:点和线所成的比例与点的投影所分线段的同面投影是一样的,即 $AC:CB=2:3=ac:cb=a'c':c'b'=a''c'':c''b''$。

根据这个法则,我们在直线的投影上取点 c,c 的投影怎么找?

我们的做法如下:

（1）过直线的任意一点求投影,ab 或 $a'b'$ 方向上任意画一条线,然后在辅助线上取 5 份,取任意长度为 1 份的值。

（2）把端点连接起来,过 2 点作 5b 的平行线,得到点 c。

（3）根据点的投影规律,向上延伸找到 c'。

点和线段所成的比例和投影与同面线段所成的比例是一样的,根据这个规律,我们就可以在投影上取点。用这个方法,不必用尺子量 ab 的长度,5 等份的线可以朝任意方向画,如图 2-20。

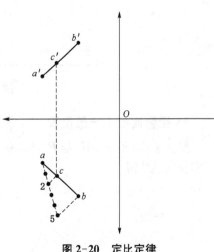

图 2-20　定比定律

2.3.2 各种位置直线的投影

1）投影面的垂直线

如图 2-21 所示，$AB \perp P$，故而 AB 的投影为一个点，这个点既是 a 也是 b。那么，当直线垂直于投影面的时候，投影面的投影成为一个点，这个点叫积聚投影，在投影面上成为一个点的这条直线叫垂直投影线。

L 垂直于水平投影面 H，积聚为一点。$L \perp H$ 时，L 称为铅垂线；$L \perp V$ 时，L 称为正垂线；$L \perp W$ 面时，L 称为侧垂线。

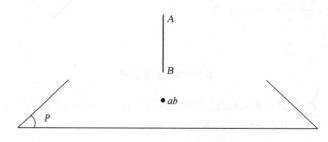

图 2-21 投影面的垂直线

2）投影面的平行线

如图 2-22 所示，线 AB 上每一点到投影面的距离都相等，AB 的投影长度等于它的实际长度，叫实长投影，用 TL 表示。即当垂直线平行于投影面时，得到的是实长投影，反映实长。当直线 $L /\!/ H$ 面时，我们叫它水平线；$L /\!/ V$ 面时，我们叫它正平线；$L /\!/ W$ 面时，我们叫它侧平线。它们都反映实际长度。

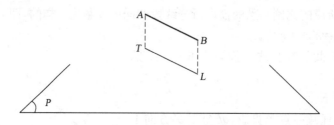

图 2-22 投影面的平行线

3）投影面处于一般位置

如图 2-23 所示，AB 与 P 既不平行也不垂直，有一个夹角，投影是不同长度，投影比它的真实长度 AB 短。

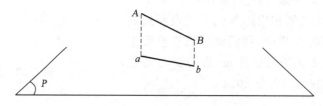

图 2-23 投影面处于一般位置

垂直线和平行线叫作投影面的特殊位置直线,这是非常重要的。一般位置的直线,我们在投影图上看不到实际长度,可忽略不讲。下面举例分析特殊位置直线的投影特征。如图 2-24(a)所示铅垂线($AB \perp H$)。

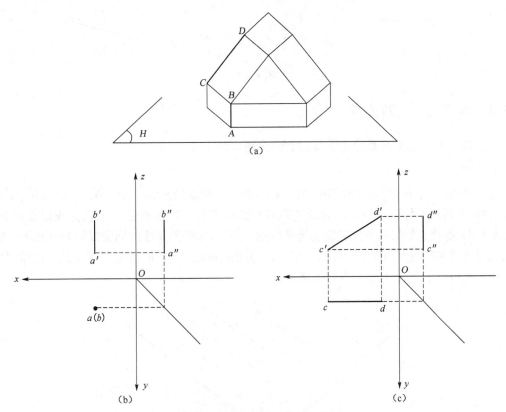

图 2-24　特殊位置直线投影特征

分析:物体放在投影体系中,这个形体由许多图线组成,边 AB 是铅垂线,垂直于 H 面,在 H 面上为一个点,在 V 面、W 面上平行,铅垂线是垂直线,AB 的投影图如图 2-24(b)所示。

AB 是铅垂线,$a'b'$ 是直线 AB 的实长投影,$a(b)$ 是 $a'b'$ 的聚点,从上向下看,a' 遮住 b',a 点在上,b 点在下(b 用括号表示)。用正方形法找到 $a''b''$,实长投影 $a'b' = a''b'' = TL$。

同一个立体图,CD 因为平行于 V 面,所以 V 面表达实长 $c'd'$。H 面投影必然是平行轴的直线 cd。通过正方形法找到 $d'c''$,$d'c''$ 必然比实长 $c'd'$ 短,如图 2-24(c)表示。

【例题 2-4】　判断图 2-25 中直线段的空间位置。

【解】　图 2-25(a)中 ab 是平行于轴,水平投影平行于轴,说明 AB 是平行于 V 面的正平线,$a'b'$ 反映实长。结论是正平线。

图 2-25(b)中 $a'(b')$ 在 V 面上成了一个点,是积聚投影,所以 AB 应该是正垂线,并垂直于 V 面。ab 平行于 Y 轴,是实长,垂直于 V 面,结论是正垂线。

图 2-25(c)中 ab、$a'b'$ 同时垂直于 OX 轴,所以 AB 是平行于 W 面的侧平线,结论是侧平线,并且 ab、$a'b'$ 都不是实长。

图 2-25(d)中 ab、$a'b'$ 都倾斜于轴。可见 AB 在空间中处于一般位置,既不平行也不垂直于投影面,结论是一般位置。

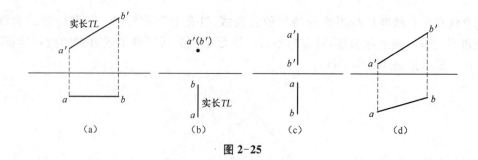

图 2-25

2.3.3 两直线的相对位置

两直线的相对位置关系分为平行、相交、交错、垂直。

1) 平行

如图 2-26(a)、(b)所示,在空间中 $AB /\!/ CD$,那么意味着投影 $ab /\!/ cd$,$a'b' /\!/ c'd'$,$a''b'' /\!/ c''d''$。说明:空间中两条平行线是平行的,那么它的投影线也平行。具体来说,如果两条投影线在空间中是平行的,那么它们第三条投影线也是平行的。同样,如果两条线的同面投影是互相平行的,那么这两条线在空间也同样是平行的。相反也是同样的道理。一般情况下,我们分析空间中的两组投影就可以了。有时,也会有特殊情况。

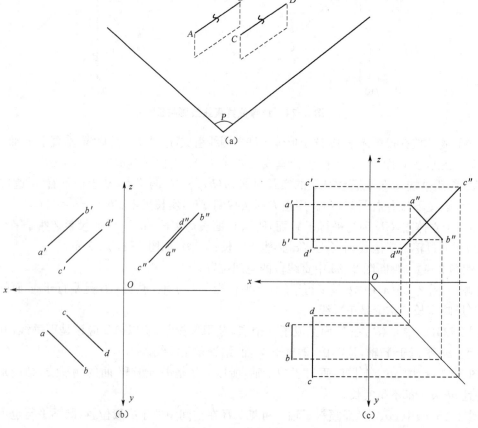

图 2-26 两直线平行

如图 2-26(c)，投影 $a'b'$、ab，另一个投影 $c'd'$、dc。从投影中我们判断出 ab 是侧平线，cd 也是侧平线。用第三条投影测试两条线在空间是否平行。我们用正方形法画出 $a''b''$、$d''c''$，发现并不是平行，而是相交。说明空间中 AB 相交于 CD。由此可见，它不是所有的同面投影都平行。只有所有的同面投影平行，它才平行。遇到两条线都是侧平线，看不出空间中的两条线是否平行的情况下，需要画出第三个投影再得出结论。

2）相交

所谓相交是指两条直线有共有点，是唯一共有点。如果 AB 与 CD 相交于 K 点，那么它的同面投影 ab、cd 相交，$a'b'$、$c'd'$ 相交，$a''b''$、$c''d''$ 相交，并且交点 $K(k$、k'、$k'')$ 是相交于同一个点的投影，如图 2-27(a)所示。反过来，如果 ab、cd 相交，$a'b'$、$c'd'$ 相交，交点是同一个点的两个投影(k'、k)的话，也可以断定空间的线是相交的。

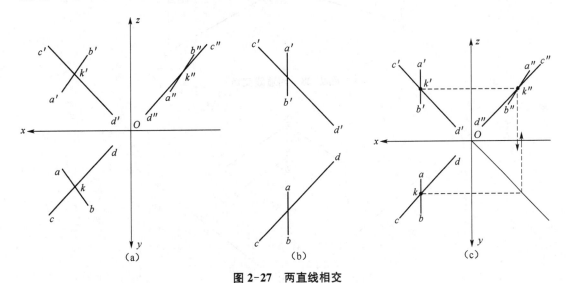

图 2-27　两直线相交

但是也有另一种特殊情况，如图 2-27(b)所示，$a'b'$、ab 显然是侧平线，线 $c'd'$、cd 相交于两点，那么能否判断这两条线在空间中就是相交呢？我们可以用第三条投影线来求证。如图 2-27(c)所示，虽然投影也相交了，但显然不是同一个点的两个投影，那么就不能说这两条线在投影中是相交的，k'、k 不是交点，只是重影点而已。

判断是否相交，除了看有无交点之外，也要看交点是否在一条直线上。如图 2-28 表达的 AB 就不是相交直线。所以，相交需要满足两个条件，第一是同面投影都要相交，第二是同面投影交点是同一投影。

3）交错（交叉）

交错就是既不平行也不相交。如图 2-28 可以称为交错直线，虽然投影相交，但不是同一个点的投影。交错中的交点，我们称为重影点。

4）垂直

垂直是相交与交错的特例，一边平行于投影面的直角投影。如图 2-29 所示，两条边同时平行于投影面，那么两个投影角相等，即：$\angle abc = \angle ABC$。对于直角而言，只要求直角的其中一条边平行于投影面，得到的角也为直角。

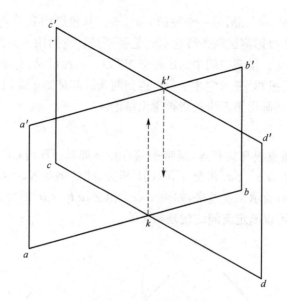

图 2-28 两直线交错

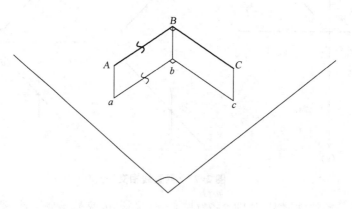

图 2-29 两直线垂直

【例题 2-5】 判断图 2-30 中直线的相对位置关系。

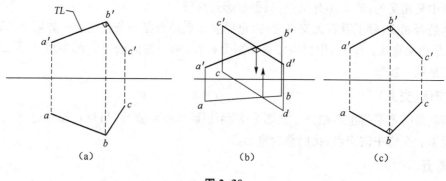

(a)   (b)   (c)

图 2-30

【解】 图 2-30(a)中 *ab* 是正平线,也就是投影面的平行线,*a'b'* 反映实长。*bc* 是一般位置,又因为 $a'b'\perp b'c'$,所以 AB 与 BC 在空间中是相交垂直。

图 2-30(b)中 $a'b'$ 是投影面的平行线,$c'd'$ 是一般位置,夹角为 90°,虽然只有一条线是投影面的平行线,另一条线是一般位置,是交错直线,但因为其中有一条是投影面的平行线,这时也是垂直关系,但是为交错垂直,又是垂直又是交错,称为交错垂直。

图 2-30(c)中两条边都是一般位置,夹角为 90°,但因为不符合条件,两条边在空间中也不是垂直关系。结论是不垂直。

2.4 平面的投影

2.4.1 平面的投影

平面是无边无际的,我们研究的是几何意义上的平面,没有厚度,还研究特殊点、线、平面上的形状和两面之间的关系等。那么怎么用投影表达平面呢？我们通过图 2-31 来分析,表达平面投影的几种形式关系图。

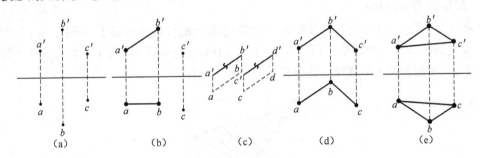

图 2-31 平面的投影

图 2-31(a)不在一条直线上的三个点,可以表达一个平面,也就是 a、b、c 三个点,已经完全把投影表达清楚了。

图 2-31(b)用一条线和线外一个点的投影来表达一个平面。AB 线的两个投影 ab、$a'b'$ 和 C 点的两个投影 c、c' 构成平面的投影。

图 2-31(c)用两条平行线表达一个平面,AB 线的两投影 ab、$a'b'$,CD 线的两投影 cd、$c'd'$。因为空间中 AB 与 CD 是平行的,所以 $a'b'\,/\!/\,c'd'$,平行两直线就表达了一个平面,用这个投影图唯一确定一个平面。

图 2-31(d)中 ab、bc 是相交两直线,相交两直线可以表达一个平面。

图 2-31(e)用平面图形(三角形) abc、$a'b'c'$ 的两个投影也表达了一个平面。

以上五种情况都是平面投影的表达形式,常用第 5 种任意形状表达方式。

2.4.2 各种位置平面

各种位置平面,通常分为三类七种情况。

1）投影面的平行面（投影面的特殊平面）

如图 2-32 所示，ABC//投影面 P，投影线长度相等，获得的投影和实际形状相等，所以叫实形投影。平行面分为三种情况，当平面平行于 H 面时，称为水平面；当平面平行于 V 面时，称为正平面；当平面平行于 W 面时，称为侧平面。

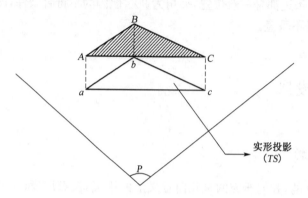

图 2-32　投影面的平行面

2）投影面的垂直面

如图 2-33 所示，ABC 垂直于投影面 P，在投影面上的投影就形成了一条线 abc，称为积聚投影。垂直面也分为三种情况，当平面垂直于 H 面时，称为铅垂面；当平面垂直于 V 面时，称为正垂面；当平面垂直于 W 面时，称为侧垂面。

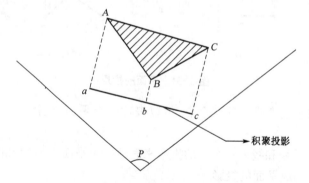

图 2-33　投影面的垂直面

3）一般位置

还有一种平面与投影面既不积聚也不平行的情况，并且投影比实形小，边数不变，只是相类似的形状，我们称为一般位置，如图 2-34(a)所示。

举例：如图 2-34(b)所示，有一般位置平面，也有平行面和垂直面，平行于 H 面就等于垂直于 V 面和 W 面，所以在 V 面和 W 面上就积聚为一条线。1 平行于 H 是水平面，2 垂直于 V 是正垂面，我们可以画出它们的投影。

图 2-34(c)是水平面 1 的投影，平行于一个投影面的时候，同时垂直于其他两个投影面。图 2-34(d)是正垂面 2 的投影，因为垂直于 V 面，所以在 V 面上为一条线 $a'b'$。因为倾斜于其他投影面，所以在其他投影面上为比实际面小的投影面。因此，在其他两个投影面上的四边形

都比实际图形变小了，是相仿形。

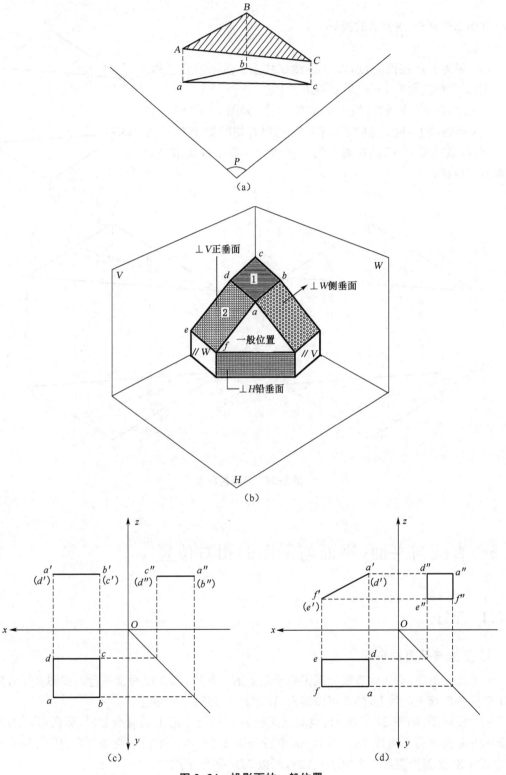

图 2-34　投影面的一般位置

2.4.3 平面内取点

如图 2-35(a),求点 l' 的投影。

分析:

(1) 因为 l' 点在面上,所以点必然在线上。过 l' 点作直线 $a'd'$,让 $a'd'$ 在三角形 $a'b'c'$ 上,d' 在 $b'c'$ 上。

(2) 过 d' 向下作垂线,找到 d,d 在 cd 上,如图 2-35(b)。

(3) 点在线上,过 l' 点向下垂直 ad,找到 l,如图 2-35(c)。

所以,点在面上,必然在面上的一条线上。要求线先取点,要取点先取线。

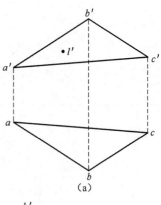

(a)

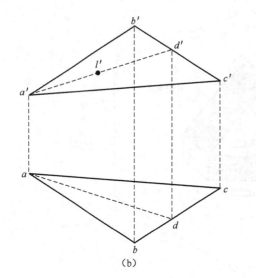

(b)

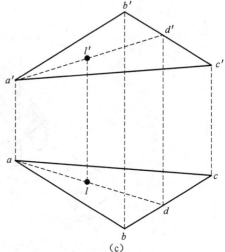

(c)

图 2-35 平面内取点

2.5 直线与平面、平面与平面的相对位置

2.5.1 平行

1) 直线与平面的平行

(1) 几何条件:空间的直线如果平行于面上的一条线,那么线面就平行。如图 2-36,直线 AB 平行于 P 面上的线 L,那么可以得出 $AB/\!/P$,L 必须在 P 面上。

(2) 投影图:如图 2-37 所示,空间上直线 $m'n'$ 平行于面上的直线 $2'3'$,那么 $m'n'$ 的另一投影线 mn 就平行于直线 23。因为 mn 平行于直线 23,$m'n'$ 平行于直线 $2'3'$,所以 MN 平行于直线 13,又因为直线 12 属于 $\triangle 123$,所以 MN 平行于 $\triangle 123$。

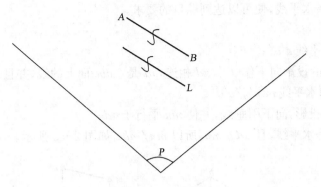

图 2-36　几何条件

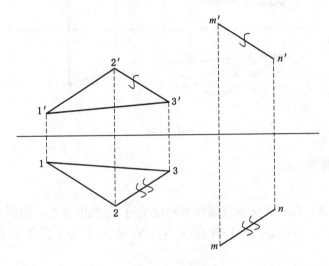

图 2-37　投影图

【例题 2-6】　如图 2-38 所示,要求过 m 点作一条线平行于三角形平面。

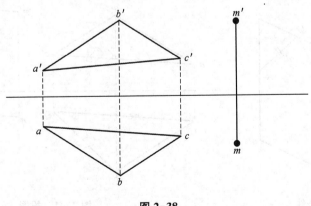

图 2-38

【解】　刚刚学过的原理:只要过这个 m 点作一条直线平行面上的一条线,那么线面就平行。若题目要求过 M 作水平线平行于三角形,那么就需要先在三角形面上画出水平线,然后

过 M 点去平行这条水平线,便可以达到题目的要求。

步骤如下:

(1) 过 a' 作水平线 $a'd'$;

(2) 找水平面的投影向下作 dd',ad 相连,ad 是△abc 面上的线,并且是水平线;

(3) 过 m' 点作水平线 $m'n'$∥$a'd'$;

(4) 找 n' 的 n 投影,向下引垂线,并使 mn 平行于 ad;

(5) 因为 ad 是水平线,且 ad∥mn,所以 mn∥abc,如图 2-39 所示。

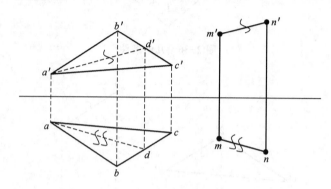

图 2-39

2) 平面与平面的平行

(1) 几何条件

若平面甲和平面乙各有相交两直线相互对应平行,那么甲∥乙。如图 2-40,甲平面上有直线 L_1、L_2 相交于点 K,乙平面上有直线 N_1、N_2 相交于 Q。若甲∥乙,需要 L_1∥N_1、L_2∥N_2。

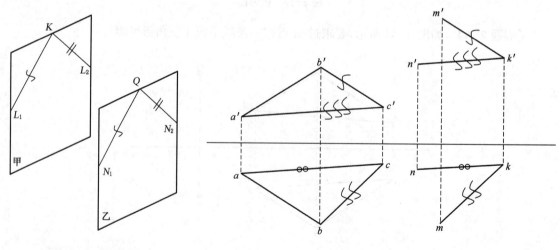

图 2-40 几何条件　　　　　　　　　　图 2-41 投影

(2) 投影

如图 2-41 所示,有△ABC 的两投影 $a'b'c'$、abc,线 $m'k'$∥$b'c'$,mk∥bc。过 k' 点作 $a'c'$ 的平行线 $k'n'$,那么 $k'n'$ 的另一投影 kn 要平行于 $a'c'$ 的另一投影 ac,即 ac∥kn。结论:相交两直

线表示的图形 $m'k'n'$、mkn 和三角形表示的平面 $a'b'c'$、abc 上的 $b'c'$、$a'c'$，bc、ac 对应平行可以推出△ABC 平行于 MKN。

【例题 2-7】 如图 2-42 所示，已知一个一般位置的三角形空间中有 m 点，过 m 点作相交两直线分别平行于面上的相交两直线。

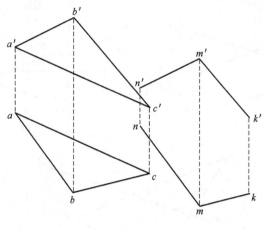

图 2-42

【解】 ①过 m' 作平行线 $m'n'$ // $a'b'$；②再过 m 点作平行线 mn // ab；③过 m' 点作平行线 $m'k'$ // $b'c'$；④再过 m 点作平行线 mk // bc。

若已知面是特殊情况，如铅垂面，这种情况过 m 点作相交两直线，只要作 m 的一个投影平行于积聚投影即可。

2.5.2　相交

1）直线和平面相交

（1）几何条件：直线与平面不是平行就是相交

我们通过下面的例子（图 2-43（a）、（b））来解决两个问题：求交点；判断直线的可见性。如图 2-43（a）所示，平面有积聚性，面 ABC 在投影面上积聚为一条线 ab，还有一条线 MN 与 ABC 相交。直线是一般位置，没有积聚性，交于 K，投影点 k。

图 2-43（b）是投影图，$a'b'c'$ 是 V 面投影，在 H 面上积聚为一条线，可以看出 $a'b'c'$ 是铅垂面。因为 ab 是积聚线，有积聚性，所以 mn 与 abc 的交点为 k，k 向上作垂线交于 k'，k' 为交点。另外两个相交的点是重影点。我们可以利用积聚线找到一个点，再找另一个交点。接着我们来判断直线的可见性。

直线不会把平面遮挡，但直线可能被平面遮挡，在三角形的面上我们需要判断哪段直线是可见的，哪段是被遮挡住的。投影图中 ab 与 mn 是两条直线，不会遮挡，所以我们通过其他部分判断其可见性。显然交点的投影是可见的，我们需要判断 k' 到两端的距离哪部分可见，哪部分不可见。超出三角形的范围都是可见的。K 点把投影分为 kc（平面的）与 kn（直线的）两部分，我们知道 kc 方向是在前的，kn 是在后的。因此，我们可以判断，平面在前，直线在后，平面遮挡直线。平面上可见的用实线表示，看不见的部分用虚线表示，如图 2-43（c）所示。

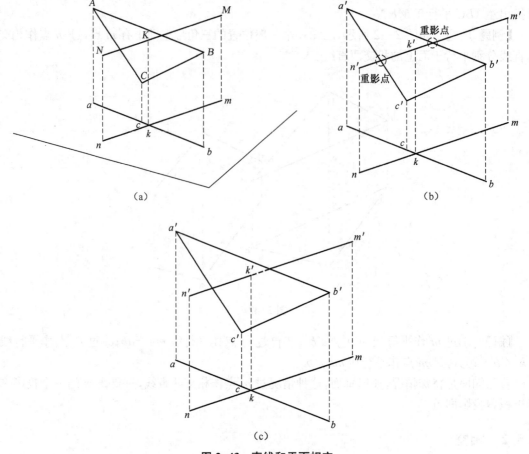

（a）

（b）

（c）

图 2-43　直线和平面相交

（2）直线有积聚性的情况时

如图 2-44(a)所示，三角形没有积聚性，因为平面是一般位置，所以 $a'b'c'$ 和 abc 都是三角形的形状，直线 MN 为铅垂线，积聚为一点 $m(n)$。我们需要找到交点 k 并分析其可见性。

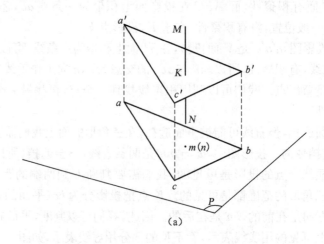

（a）

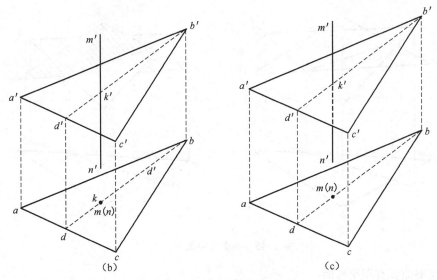

图 2-44　直线和平面相交

分析：

① 直线是铅垂线，代表直线上的所有内容都积聚在 $m(n)$ 上，所以交点 k 也在 $m(n)$ 上；

② 找到一个投影 k，用面上取点的方法找到另一个投影点 k'；

③ 过点 $m(n)$，在面上画上一条直线 bd；

④ 找到 d'，并连接 $d'b'$，交点 k' 必然在 $d'b'$ 上；

⑤ 沿 k 向上找到 k'，如图 2-44(b)所示。

判断可见性，在下部分的平面上，线已经变成了一个点，就无所谓遮挡，上面投影图有遮挡，我们用三角形来分析。$\triangle bdc$ 相对于 $\triangle adb$ 是处于前面位置，前面的面就把线挡起来了。所以 $b'k'd'c'$ 在前面，在 V 面上表示就是 k' 下面是虚线，超出 $\triangle a'b'c'$ 部分为实线，如图 2-44 (c)所示。

2）平面与平面相交

解决问题：求交线；判断两平面可见性。

当无积聚性时，为一般位置，因为没有积聚投影可以利用，所以不容易求，也不做强调，我们研究有积聚性时的情况。

（1）平面之一有积聚性时

如图 2-45(a)所示，上半部图形为两个三角形，下半部图形有积聚图形，所以两个面的交线 kl 就积聚在直线 12 上。因为交线是共有的，所以 kl 是交线，k 在 ab 边上，l 在 ac 边上。向上作垂线找到 k'、l'，连接 $k'l'$，$k'l'$ 为所求交线。

可见性：下部分图形有积聚投影，所以不必判断，但判断上部分需要观察下部分图形。

如图所示，kl 把三角形分为两部分 akl 和 $kbcl$，$kbcl$ 在前面，同理 $k'b'c'l'$ 在前，$k'b'c'l'$ 可见，可见部分用实线表示，遮挡部分用虚线表示。第一层为 $k'b'c'l'$，第二层为 $1'2'3'$，可以用图 2-45(b)表示。

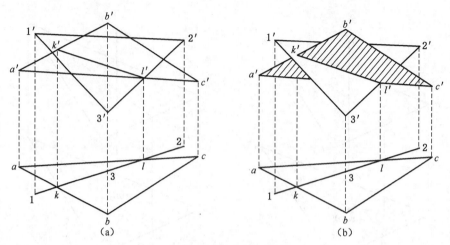

图 2-45 平面与平面相交 1

（2）两平面都有积聚性时

如图 2-46(a)所示,我们知道两平面不平行即相交,交线为其共有部分。因为两投影都在 H 面上积聚,所以共有部分就是一个点,这个点是线的积聚投影 $k(l)$,根据点 $k(l)$ 得到一个交线 $k'l'$。

分析可见性,下部分图形不用判断,因为投影互相不遮挡。上部分图形超出了四边形和三角形的部分无法遮挡,也就是可见的。$k'l'$ 是一条分界线。点 $k(l)$ 把三角形和四边形投影线分开,三角形投影在前,四边形投影在后。所以对应的上面图形三角形是可见的,四边形不可见。同样,左半边图形中三角形不可见,四边形可见。图 2-46(b)表示前后关系。

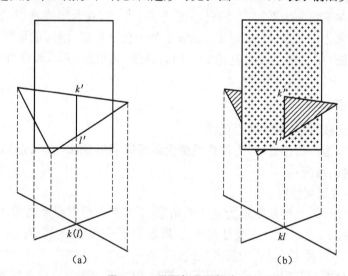

图 2-46 平面与平面相交 2

得出结论:只要有积聚投影的投影面上就不必判断可见性的问题。在不积聚的投影面上才需要判断投影面的可见性问题。

【例题 2-8】 如图 2-47(a),已知 H、V 面投影,求 W 面投影,并画出立体示意图。

【解】 已知两面投影,欲求第三投影面投影,可以通过"二求三"的方法得到。之后画出投

影轴,依次找到需要的投影点。步骤如下:

(1) 由 c、c' 用正方形法求得第三点 c'',如图 2-47(b);

(2) 画出立体示意图的轴线,如图 2-47(c);

(3) 测量出 O 点到 cc' 的垂直距离,并在立体示意图中通过相等垂直距离和 c、c' 到 x 轴的距离找到 c、c',如图 2-47(d);

(4) 通过 c 点作水平线与 Y 轴相交,向上作垂线,尺寸与 X 轴到 c' 的垂直距离相等,从而找到 c'',如图 2-47(e);

(5) 通过点的投影规律,过 c、c'、c'' 三个投影点,分别作投影面的垂线交于点 C,这就是空间点 C,如图 2-47(f)。

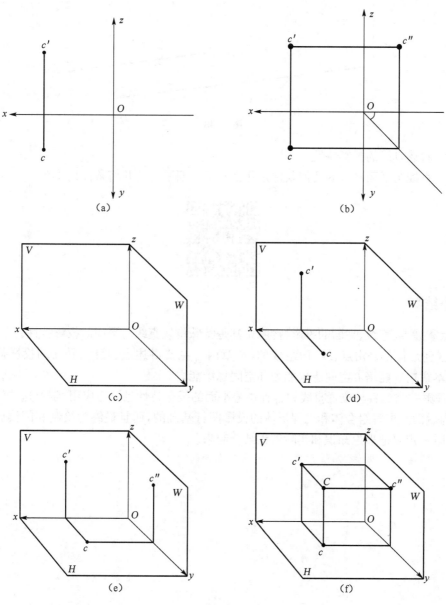

图 2-47

【复习思考题】

2.1 检查图 2-48 线面是否平行。

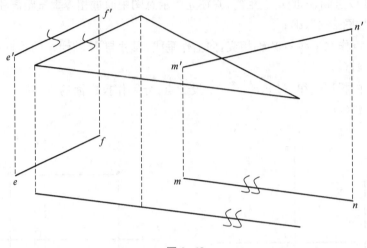

图 2-48

2.2 叙述直线的投影特性。

2.3 直线与平面平行的几何条件是什么？两平面平行的几何条件是什么？

【本章小结】

重点掌握点、直线、平面的投影特性，尤其是特殊位置直线与平面的投影特性。

1. 任何形体都是由点、线、面组成的，本章内容主要讲述点、直线、平面的投影规律和特点，掌握本章内容能培养空间想象能力和空间思维能力。

2. 理解并掌握各种位置直线和各种位置平面的投影特性且学会应用，学习这些线和面的投影是为后面的求解组合体和工程形体的投影图打基础的，而且最终为绘制和阅读施工图服务，学习时一定要把理论知识和实际工程结合起来。

3 体的投影

导论

本章主要介绍体的投影图,体的投影规律是后续章节和后续课程学习的基础,是必须掌握的理论基础。要求掌握基本平面体的投影画法和投影规律、基本曲面体的投影画法和尺寸标注、在体表面取点和取线的投影作图方法。理解组合体的投影,熟悉组合体的组合方式和组合体的基本读图方法。熟悉组合体三面投影图的绘制方法和步骤,了解组合体尺寸标注的基本方法和要求,掌握阅读组合体三面投影图的基本方法。

【教学目标】 掌握平面立体和曲面立体的投影画法及在平面立体表面上求点和直线,掌握组合体的画法;熟悉平面立体、曲面立体和组合体的尺寸标注。掌握组合体识读;培养动手能力及规范绘图的步骤和养成识图绘图的正确习惯。

【教学重点】 基本平面体的投影画法和投影规律,基本曲面体的投影画法和投影规律。

【教学难点】 在体表面取点和取线的投影作图方法。

建筑形体都是由一些简单的几何立体构成,图 3-1、图 3-2 为水塔和房屋的形体分析,它们均由基本形体(棱柱、棱锥、圆柱、圆锥等)组合而成。

由曲面与曲面或者曲面与平面围成的立体称为曲面立体,如圆柱、圆锥、球等(图 3-1)。立体上相邻表面的交线称为棱线。

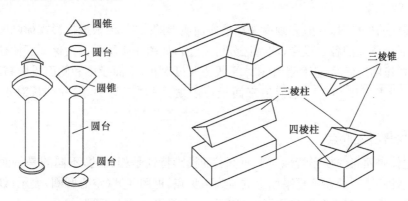

图 3-1 水塔的形体分析   图 3-2 房屋的形体分析

由于平面立体是由平面围成,而平面是由直线组成,直线是由点连成,所以求平面立体的投影实际上就是求点、线、面的投影。在投影图中,不可见的棱线投影用虚线表示。

提问:如何表达我们的设计意图,如何让客户明白我们的设计想法。这些都离不开画立体的投影。这就又回到基本问题上:几何体上点和线投影与形体投影的关系如何?

3.1 平面体的投影

3.1.1 棱柱

棱柱由棱面及上、下底面组成,棱面上各条侧棱互相平行。常见的棱柱有三棱柱、四棱柱、六棱柱。

1)棱柱的投影

(1)投影分析

下面以三棱柱为例说明(图3-3),图示为一竖放的三棱柱体,它由五个面所围成:

正平面 AA_1CC_1——在 V 面上反映实形,在 H 面和 W 面上的投影分别积聚成一直线。

水平面 ABC(上底面)和 $A_1B_1C_1$(下底面)——在 H 面上的投影反映实形,在 V 面和 W 面上的投影为一直线。

铅垂面 AA_1BB_1 和 BB_1CC_1——在 H 面上的投影积聚为一直线,在 V 面和 W 面上的投影分别为与原形相类似的矩形,且在 W 面上投影重合。

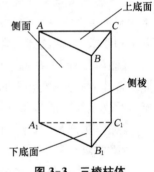

图3-3 三棱柱体

根据该棱柱体的投影可知:棱柱体的其中一个投影为多边形(是几棱柱就为几边形),另两个投影均为长方形,即"方方为柱"。这就是棱柱体的三投影特性。反之,如果形体的投影具有该投影特性,便知该形体为棱柱体;多边形的投影为几边形,该棱柱体即为几棱柱,且该多边形投影在哪个投影面上,该棱柱体的两底面就是平行于哪个投影面放置的。

(2)作图步骤

画直棱柱的投影时,一般先画反映棱柱底面实形的投影,再根据投影规律画两底面的另两面投影,最后画侧棱的各个投影(注意区分可见性),如图3-4所示。为保证三棱柱的投影对应关系,三面投影图应满足:正面投影和水平投影长度对正,正面投影和侧面投影高度平齐,水平投影和侧面投影宽度相等。这就是三面投影图之间的"三等关系"——长对正、高平齐、宽相等。

2)棱柱表面上取点

平面立体表面点的投影特性与平面上点的投影特性是相同的,不同的是平面立体表面上存在着可见性问题。处在可见平面上的点为可见点,可用"○"(空心圆圈)表示;处在不可见平面的点为不可见点,可用"."(实心圆点)表示,并在投影上加上括号。

棱柱表面上取点和平面上取点的方法相同,先要确定点所在的平面并分析平面的投影特

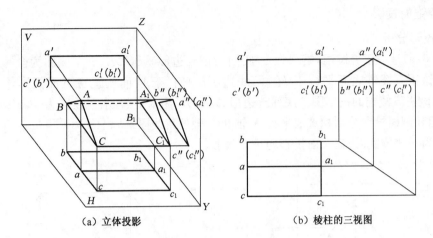

（a）立体投影　　　　　　（b）棱柱的三视图

图 3-4　三棱柱的投影分析

性。如图 3-5 所示,已知在三棱柱表面上点 M 的正面投影,要求作另两面的投影,可遵循以下步骤:因为 m' 可见,它必在侧面 $ABDE$ 上,其水平投影 m 必在有积聚性的投影 $a(d)b(e)$ 上,再由 m' 和 m 可求得 m''。因点 M 所在的表面 $ABDE$ 在侧面投影可见,故 m'' 可见。

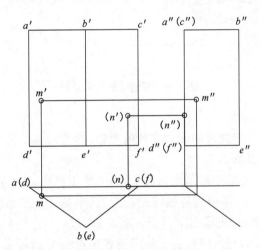

图 3-5　三棱柱表面上取点

又如,已知点 N 的正面投影 n',求 n 和 n''。由于 N 不可见,所以点 N 必定在侧面 $ACFD$ 上,而该侧面为垂直面,其水平投影和侧面投影都具有积聚性。因此,(n) 必在侧面 $ACFD$ 水平投影所积聚的直线上,不可见。(n'') 必在侧面 $ACFD$ 侧面投影所积聚的直线 $a''(c'')d'(f'')$ 上,不可见。

3.1.2　棱锥

棱锥的底面为多边形,各侧面均为三角形且具有公共的顶点,即棱锥的锥顶。锥顶到底面的距离为棱锥的高。

1）棱锥的投影

（1）投影分析

图 3-6(a)是一正五棱锥,锥顶为 S,底面为正五边形 ABCDE,五个侧面为全等的等腰三角形。将该正五棱锥底面平行于 H 面,底边 DE 平行于 V 面放置在三面投影体系中。图 3-6(b)为该正五棱锥的投影图。底面五边形 ABCDE 为水平面,水平投影为 abcde,反映底面实形,正面和侧面投影分别积聚成平行 X 轴和 Y 轴的直线段 $a'b'c'(d')(e')$ 和 $a''b''(c'')(d'')e''$。五个棱面为一般位置面,其三面投影均是三角形。

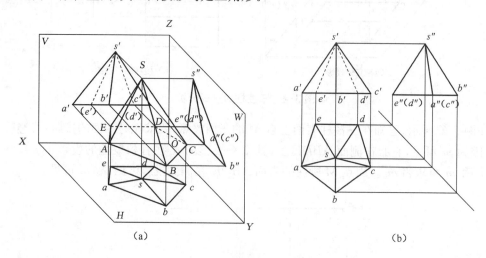

图 3-6 五棱锥的投影分析

（2）作图步骤

画棱锥的投影图时,一般先画底面和锥顶的投影,然后再画出各棱线的投影,并判别可见性,即可绘出棱锥的三面投影。

五个三角形侧面——先求出锥顶点 S 在 H 面上的正投影 s(在正五边形中心),再将 s 点与五边形 abcde 各顶点连线,即得到各棱线的投影,其中的五个三角形即为五个侧面的 H 面投影。要求侧面的 V 投影,首先求出锥顶点 S 的 V 面投影 s'(S 在 V 面投影上且距底面 V 投影积聚线的距离为五棱锥的高),然后将 s' 与底面各顶点的 V 面投影 a'、b'、c'、d'、e' 分别连线(其中 $s'e'$ 和 $s'd'$ 因为不可见连成虚线),即得各棱线的投影,从而得到各侧面的 V 面投影。同样的求法,可以得到各侧面的 W 面投影。

根据该棱锥的投影可知:棱锥的其中一个投影为多边形(是几棱锥就为几边形),另两个投影均为三角形,即"角角为锥"。这就是棱锥的三投影特性。反之,如果形体的投影具有该投影特性,便知该形体为棱锥;多边形的投影为几边形,该棱锥即为几棱锥,且该多边形投影在哪个投影面上,该棱锥的底面就是平行于那个投影面放置的。

2）棱锥表面上取点

棱锥表面上的点的投影取决于点所在表面的投影特性。特殊位置表面上的点的投影可利用其投影的积聚性作出;一般位置表面上点的投影,需采用辅助线法作图并判别其可见性。

如图 3-7(a)所示,已知三棱锥表面上点 M 的正面投影 m' 和点 N 的水平投影 n,求这两点的另两面投影。

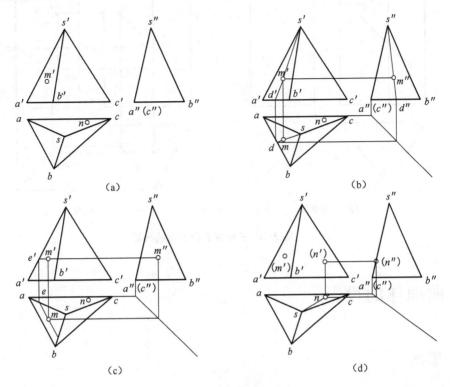

图 3-7 三棱锥表面上取点

点 M 的正面投影 m' 可见,因此可以确定点 M 在棱面△SAB。△SAB 为一般位置平面,必须作辅助线才能求出其另两面的投影。过角点 S、点 M,作辅助线 SD,即连接 $s'm'$ 交底边 $a'b'$ 于 d',由 d' 向下作铅垂的投影连线交 ab 于 d,连接 sd。由 m' 向下作铅垂的投影连线交 sd 于一点即得 m。再根据 d' 和 d 求出 d'',连接 $s''d''$。再由 m' 作水平投影连线与 $s''d''$ 交于一点,即为 m'',作法如图 3-7(b)所示。由于侧棱面△SAB 的三面投影都可见,因此点 M 的三面投影也都可见。

点 M 的正面投影 m' 也可以作过 M 点水平面的截线,求另两面投影,如图 3-7(c)所示。过 m' 点作水平线,交 $s'a'$ 于点 e'。分别过 e'、m' 向下作铅垂的投影连线,e' 的铅垂投影连线与 as 的交点,即为 E 在水平面上的投影 e。过 e 作 ab 的平行线与过 m' 的铅垂的投影连线的交点,即为 M 在水平面上的投影 m。由 m、m' 分别向 W 面引投影连线,可唯一确定一点,即点 M 在 W 面上的投影 m''。

对于点 N,用同样的原理可以求出,如图 3-7(d)所示。由于 N 所在的平面△SAC 垂直于 W 面,需要注意的是 N 在平面△SAC 上,其在 V 面和 W 面上的投影皆不可见。

【例题 3-1】 如图 3-8 所示,已知三棱柱上直线 AB、BC 的 V 面投影,求另外两面投影。

【解】

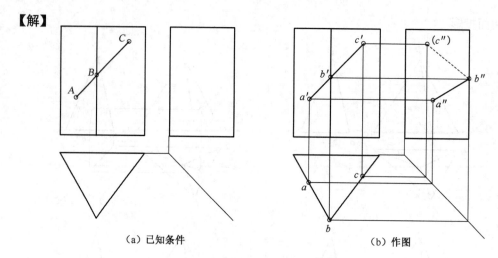

（a）已知条件　　　　　　　　（b）作图

图 3-8　三棱柱表面上点的投影

3.2　曲面体的投影

3.2.1　圆柱

圆柱由顶圆平面、底圆平面和圆柱面围成。如图 3-9 所示，圆柱面可看作是一条直母线 AA_1 绕与它平行的轴线 OO_1 旋转而成。

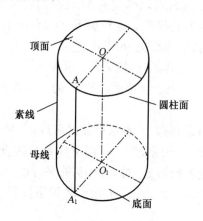

图 3-9　圆柱表面上点的投影

1）圆柱的投影

（1）投影分析

① 圆柱的顶圆、底圆为水平面，其水平投影反映顶圆和底圆的实形且重影；正面和侧面投影分别积聚为直线。轴线及圆柱面上所有素线均为铅垂线，因此圆柱面的水平投影积聚为一圆，其投影与顶圆、底圆的水平投影重合，如图 3-10 所示。

② 柱面上最左、最右转向轮廓素线 AA_1 和 BB_1 是主视方向可见部分(前半个圆柱面)和不可见部分(后半个圆柱面)的分界线。因此,其正面投影 $a'a_1'$ 和 $b'b_1'$ 必须画出。

③ 柱面上最前、最后转向轮廓素线 CC_1 和 DD_1 是左视方向可见部分(左半个圆柱面)和不可见部分(右半个圆柱面)的分界线。因此,其侧面投影 $c''c_1''$ 和 $d''d_1''$ 必须画出。其投影特性:方方为柱。

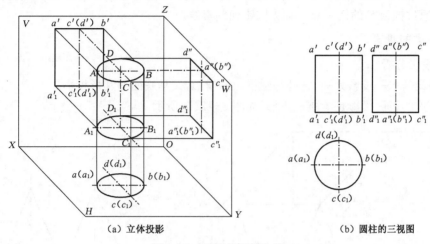

(a) 立体投影　　　　　　　　　　　(b) 圆柱的三视图

图 3-10　圆柱的投影分析

(2) 作图步骤

画图时,应先画出轴线和中心线,再画投影为圆的视图,最后再根据投影关系画出圆柱的另两面投影。

2) 圆柱表面上取点

如图 3-11 所示,已知圆柱表面上点 M、N 的正面投影,求作其水平及侧面投影。

在圆柱表面取点可以利用其投影的积聚性来作图。从投影图中可以看出,该圆柱的轴线为铅垂线,圆柱面的水平投影积聚为一圆,点 M、N 的水平投影必在该圆上。由于 m' 可见,故点 M 的水平投影 m 必在前半圆周上,再由 m 和 m' 求出 m''。又因为点 M 在左半圆柱面,所以 m'' 是可见的。点 N 在最右素线上,其侧面投影 n'' 在轴线上且不可见,其水平投影 n 在圆周的最右点上。

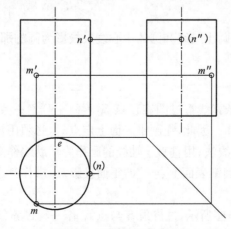

图 3-11　圆柱表面上取点

3.2.2 圆锥

圆锥由圆锥面和底部的圆平面(以下简称底面)围成,圆锥面是一条直线(母线)绕一条与其相交的直线(轴线)曲面一周所形成的曲面。

如图 3-12(a)所示,圆锥面可看作是由一直母线 SA 绕与它相交的轴线 SO 旋转而成。在圆锥面上通过锥顶 S 的任一直线称为圆锥面的素线。

1) 圆锥的投影

(1) 投影分析

① 圆锥的水平投影为圆,它既是圆锥面的投影,又是底面的实形投影。

② 圆锥的正面投影是等腰三角形,如图 3-12(b)所示。

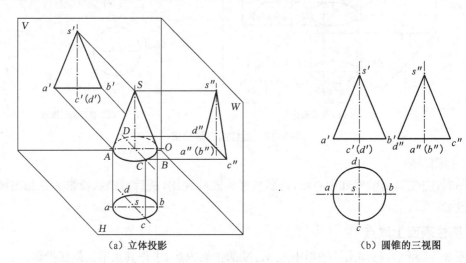

(a) 立体投影   (b) 圆锥的三视图

图 3-12　圆锥的投影分析

③ 圆锥的侧面投影是等腰三角形,三角形的底边也是底面的积聚性投影,两腰是圆锥面上最前、最后转向轮廓素线的侧面投影 $s''c''$、$s''d''$,它是圆锥面(左半圆锥面)可见和(右半圆锥面)不可见的分界线。

(2) 画图步骤

画圆锥的投影时,应先画出轴线和圆的中心线及投影为圆的那个投影,再根据投影规律画出圆锥的另两面投影。

2) 圆锥表面上取点

圆锥表面上的任意一条素线都过圆锥顶点 S,素线上任意一点的运动轨迹都是圆。圆锥面的三个投影都没有积聚性。因此,在圆锥表面上定点时,必须用辅助线法作图。用素线作为辅助线作图的方法,称为素线法;用垂直于轴线的圆作为辅助线作图的方法,称为纬圆法。

如图 3-13 所示,已知圆锥表面上点 K 的正面投影 k',求作其水平投影 k 和侧面投影 k''。

(1) 素线法

如图 3-13(a)中的立体图所示,过锥顶 S 与点 K 作一辅助素线交底圆于点 A,则点 K 的三面投影必在 SA 的同面投影上,作图过程如下:

在投影图上过 k' 连接 $s'k'$ 并延长交底圆于 a'，因 k' 可见，因此素线 SA 位于前半圆锥面上。过 a' 向下作铅垂线，交水平投影圆于两个交点，因 k' 可见，则 sa 可见，交点取前半圆锥面上的交点 a。连接 sa，即为 SA 的水平投影。K 在 SA 上，则 SA 的水平投影上也必有 K 的水平投影点。过 k' 向下作铅垂线，与水平投影 sa 的交点就是 K 在水平面上的投影 k。再根据直线上点的投影规律，由 K 的水平投影 k 和正面投影 k'，求出侧面投影 k''。由于点 K 在左前半圆锥面上，故 k 和 k'' 均可见。

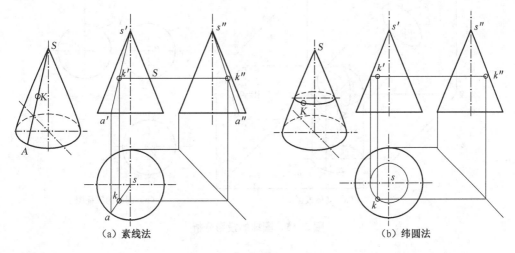

(a) 素线法   (b) 纬圆法

图 3-13 圆锥表面上取点

(2) 纬圆法

如图 3-13(b) 中的立体图所示，过点 K 在圆锥面上作一个平行于底面的纬圆，该圆可看成点 K 绕轴线旋转所形成，则点 K 的各面投影必在该圆的同面投影上。作图过程如下：

过点 k' 作水平线，交圆锥正面投影素线投影于两点，该线段长度即为辅助圆的直径。在水平投影上，以 S 点的水平投影点为圆心，该辅助圆半径为半径画圆，该圆即为辅助圆在水平面上的投影，因 K 在该圆上，则该辅助圆的水平投影圆上也必有 k 点。根据点的投影规律，过 k' 向下作铅垂线，与辅助圆有两个交点。因 K 位于左前半圆锥面上，故 k 和 k'' 均可见。左下方的交点即为所求的水平面上的投影 k。再根据直线上点的投影规律，由 K 的水平投影 k 和正面投影 k'，求出侧面投影 k''。

3.2.3 圆球

圆球是由球面围成的。球面是圆（母线）绕其一条直径（轴线）曲面一周形成的曲面，如图 3-14 所示。

1) 圆球的投影

(1) 投影分析

如图 3-15(a) 所示，圆球的三面投影均为直径与球径相等的圆，它们分别是圆球三个不同方向转向轮廓线的投影，也是圆球投影可见和不可见的分界圆。其正面投影是球面上平行于正面的主视转向轮廓线 A 的正面投影，它的水平和侧面投影都与圆球

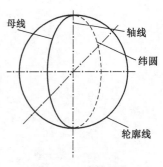

图 3-14 球的形成

的中心线重合。

（2）画图步骤

画圆球的投影时，应先画出三面投影中圆的对称中心线，然后再分别画出转向轮廓线的投影，结果如图 3-15(b)所示。

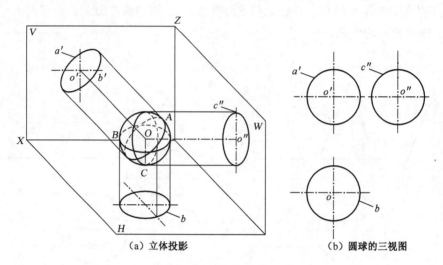

（a）立体投影　　　　　（b）圆球的三视图

图 3-15　圆球的投影分析

2）球面上取点

在球面上的取点，可以利用球面上平行于投影面的辅助圆进行作图，这种方法也称为纬圆法。即在球面上过该点作一平行于投影面的纬圆，则点的三面投影必在该圆的同面投影上。

如图 3-16 所示，已知球面上点 M 的正面投影 m'，求作其水平和侧面投影。作图如下：先过点 M 作一个平行于 H 面的纬圆，该圆的正面投影是一条过 m' 的水平线段。在 H 面上以球心在 H 面的投影点 O 为圆心、该线段长度为直径画圆，即得该圆的水平投影，点 M 的水平投影 m 必在该圆的水平投影上，则过 m' 点向下作铅垂线交该纬圆在水平面上的投影有两个交点。因 m' 可见，故 m' 在前半圆周上，即左下方的交点即为所求的 m。然后由 m 和 m' 求出 m''。由于点 M 在左上半球面上，因此 m'' 可见。

同理，也可利用平行于 V 面和 W 面的辅助纬圆求出点 M 的另两面投影，请读者自行分析。

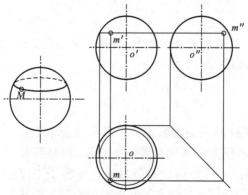

图 3-16　球面上取点

【例题 3-2】 补全球体表面上 A、B、C、D 点的 H、W 面投影。（图 3-17）

【解】 （1）分析：图 3-17(a)中 A、B、C、D 四点，其中 A、C、D 为特殊位置点，A、D 在正平面上，C 在侧平面上。B 为普通点。可以先画特殊点 A、D、C，再画普通点 B。

（2）求 A、D 点的 H、W 面投影。因为 A、D 点在正平面上，而正平面在 H、W 面投影为过圆心积聚的直线，如图 3-17(b)。此时只要分别过 a'、d' 向 H 面作铅垂线与 H 面的水平投影线的交点，即为 H 面投影 a、d 点。过 a'、d' 向 W 面作水平线与 W 面的垂直投影线的交点，即为 W 面投影 a''、d''点。由图可知 A 点在左前下半球面上，因此在 H 面投影不可见，在 W 面上的投影可见。D 点在右前上半球面上，因此在 H 面投影可见，在 W 面上的投影不可见。

（3）求 C 点的 H、W 面投影。C 在侧平面上，在 H、V 面上的投影积聚成直线，都为过圆心铅垂线，在 W 面上为反映实形的圆。如图 3-17(c)，过 c' 点向 W 面作水平线，交圆有两点。由已知可得 C 点在后上半球面上，因此 W 面上应在左侧，则左侧交点即为 c''。再由 c'' 点向下作垂线，与 45°辅助线相交，由该交点作水平线与 H 面过圆心的垂线的交点即为 c 点。C 点在后上半球面上，因此在 H、W 面上投影都可见。

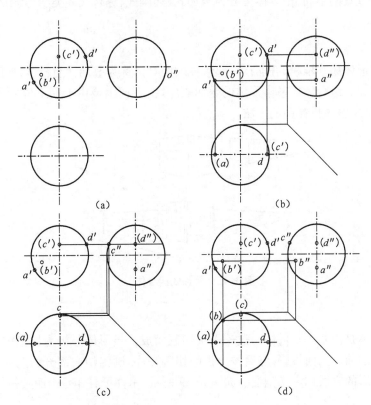

图 3-17

求 B 点的 H、W 面投影，B 点为普通点，通过纬圆法作出投影点，见图 3-17(d)。过 b' 点作水平线，与 V 面投影圆有两交点，此交点距离即为纬圆的直径。在 H 面上，以原点为圆心，以该纬圆的半径画圆。再过 b' 点向下作铅垂线，其与纬圆的交点有两个。由原图可知 B 点在左后下半球面上，则后侧的交点即为所求的 b 点，而且其在 H 面投影不可见。再由 b、b'点分别向 W 面作水平线和垂线，其交点即为 B 在 W 面上的投影，其投影可见。

3.3 组合体

本节主要介绍组合体的投影,要求掌握组合体的组合方式和组合体的基本读图方法。掌握画组合体三面投影图的方法和步骤,了解组合体尺寸标注的基本方法和要求,掌握阅读组合体三面投影图的基本方法。

3.3.1 组合体的组合方式

建筑物、室内陈设的形状是多种多样的,虽然有些构配件的形体比较复杂,但经过分析都可以看作是由一些几何体(如棱柱、棱锥、圆柱、圆锥、圆球等)按一定的组合方式组合而成的。根据组合体构成方式的不同,组合体可分为叠加式、切割式、综合式等类型,其中综合式组合体是最常见的。

1) 叠加式

由各种基本形体相互堆积、叠加在一起形成的组合体称为叠加式组合体,如图 3-18 所示。叠加法是根据叠加式组合体中基本形体的叠加顺序,由下而上或由上而下地画出各基本体的三面投影,进而画出整体投影图的方法。

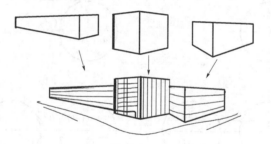

图 3-18 叠加式组合体

2) 切割式

切割式组合体是由基本几何体经过若干次切割而成。当形体分析为切割式组合体时,先画出形体未被切割前的三面投影,然后按分析的切割顺序,画出切去部分的三面投影,最后画出组合体整体投影的方法称为切割法。如图 3-19 所示,木榫可看作是由四棱柱切掉两个小四棱柱而成。

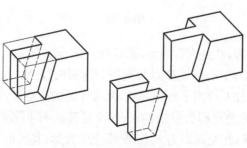

图 3-19 切割式组合体

3）综合式

综合式组合体是既有叠加又有切割的组合体。如图 3-20 所示,肋式杯形基础可看作是由四棱柱底板、中间四棱柱(在其正中挖去一楔形块)和六块梯形肋板组成。

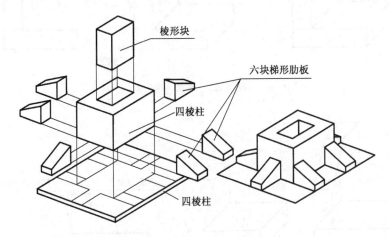

棱形块

六块梯形肋板

四棱柱

四棱柱

图 3-20 综合式组合体

通过前面的学习可知:基本几何体在 H、V 及 W 投影面上的投影分别称为水平投影、正面投影及侧面投影,统称为三面投影。而在建筑工程制图中,通常把建筑形体或组合体在投影面上的投影称为视图。即把建筑形体或组合体的三面投影图称为三面视图,简称三视图。

为了区分三个视图,通常将形体的水平投影图、正面投影图、侧面投影图分别称为平面图、正立面图、侧立面图,如图 3-21 所示。平面图反映了形体的前后、左右方位关系及长和宽;正立面图反映了形体的上下、左右方位关系以及长和高;侧立面图反映了形体的上下、前后方位关系及高和宽。

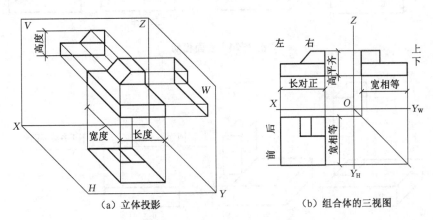

（a）立体投影　　　　　　　（b）组合体的三视图

图 3-21 组合体的三视图

用正投影法所绘制的组合体视图仍然符合投影图中的"三等关系",正立面图与平面图"长对正",正立面图与侧立面图"高平齐",平面图与侧立面图"宽相等"。

组合体的表面连接关系是指基本形体组合成组合体时,各基本形体表面间真实的相互关系。组合体的表面连接关系主要有两表面相互平齐、相交、相切和不平齐,如图 3-22 至

图 3-25 所示。

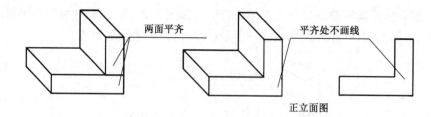

图 3-22　表面平齐

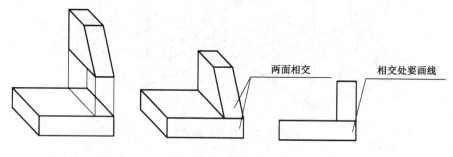

图 3-23　表面相交

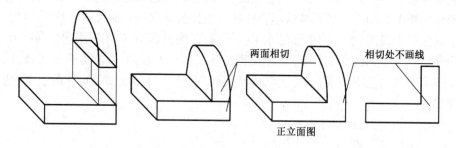

图 3-24　表面相切

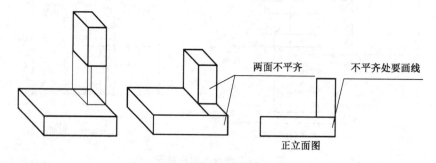

图 3-25　表面不平齐

【例题 3-3】　画出图 3-26 所示挡土墙的三视图。

【解】　（1）逐个画出三部分的三面投影，如图 3-27(a)、(b)、(c)所示。

（2）检查视图是否正确。

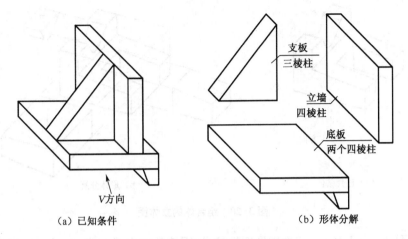

（a）已知条件 　　　　　　　　　　　　　（b）形体分解

图 3-26 挡土墙的立体图

（3）加深。因该视图均为可见轮廓线,应全部用粗实线加深,如图 3-27(d)所示。

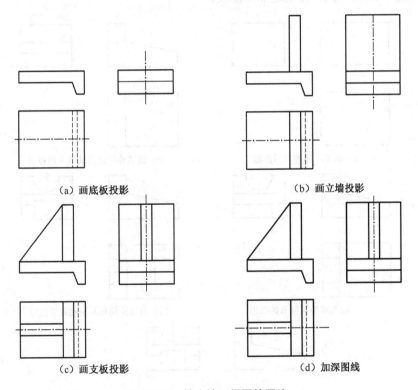

（a）画底板投影 　　　　　　　　　　　　（b）画立墙投影

（c）画支板投影 　　　　　　　　　　　　（d）加深图线

图 3-27 挡土墙三视图的画法

【例题 3-4】 画出图 3-28 所示组合体的三视图。

【解】 （1）如图 3-29(a)所示,画出长方体的三面投影。

（2）如图 3-29(b)所示,从正面着手切去梯形四棱柱Ⅰ,并补全另两投影。

（3）如图 3-29(c)所示,切去半圆柱Ⅱ,应从投影特征明显的侧面投影着手,然后画正面投影和水平投影。

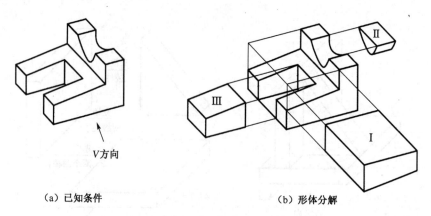

（a）已知条件　　　　　　　　　　（b）形体分解

图 3-28　组合体的立体图

（4）如图 3-29(d)所示，切去梯形四棱柱Ⅲ，因该部位水平投影特征明显，先画水平投影，再求出因切去而产生的交线。这里要特别注意梯形切口的三面投影关系是否正确。

（5）如图 3-29(e)所示，按规定加深图线。

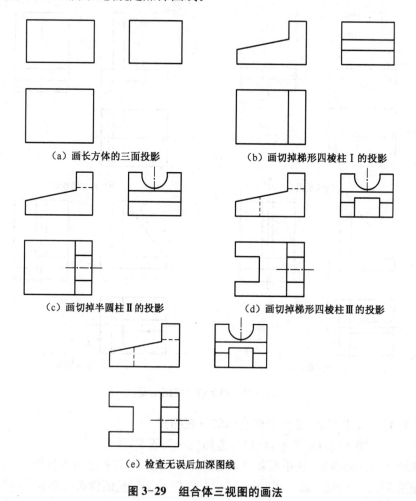

（a）画长方体的三面投影　　　　　　　（b）画切掉梯形四棱柱Ⅰ的投影

（c）画切掉半圆柱Ⅱ的投影　　　　　　（d）画切掉梯形四棱柱Ⅲ的投影

（e）检查无误后加深图线

图 3-29　组合体三视图的画法

3.3.2 组合体视图的阅读

1）形体分析法

一个组合体可以看作由若干个基本形体所组成。对组合体中基本形体的组合方式、表面连接关系及相互位置等进行分析,弄清各部分的形状特征,这种分析过程称为形体分析。

形体分析法的全过程,简单地说就是:先分解,后组合;分解时识部分,综合时识整体。根据组合体的特点,将其分成大致几个部分,然后逐一将每一部分的几个投影对照进行分析,想象出其形状,并确定各部分之间的相对位置和组合形式,最后综合想象出整个物体的形状。这种读图方法称为形体分析法。此法用于叠加类组合体较为有效。一般步骤如下:

(1)分离线框,对照投影(由于主视图上具有的特征部位一般较多,故通常先从主视图开始分析)。

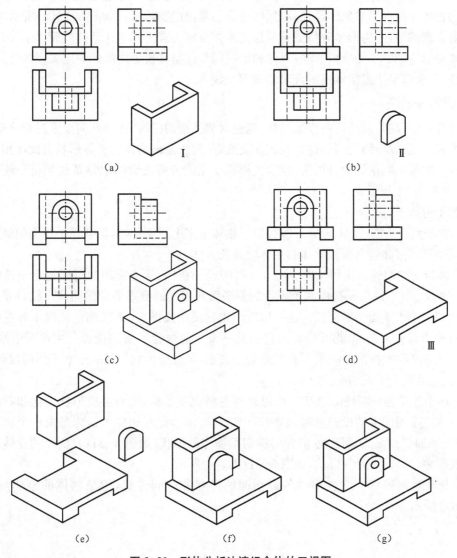

图 3-30　形体分析法读组合体的三视图

（2）想出形体，确定位置。

（3）综合起来，想出整体。

一般的读图顺序是：先看主要部分，后看次要部分；先看容易确定的部分，后看难以确定的部分；先看某一组成部分的整体形状，后看其细节部分形状。

现以图 3-30 所示三视图，想象出它所表示的物体的形状。读图步骤如下：

（1）分离出特征明显的线框。三个视图都可以看作由三个线框组成的。因此，可大致将该物体分为三个部分。其中，主视图中Ⅰ、Ⅲ两个线框特征明显，俯视图中线框Ⅱ的特征明显，如图 3-30(a)所示。

（2）逐个想象各形体形状。根据投影规律，依次找出Ⅰ、Ⅱ、Ⅲ三个线框在其他两个视图的对应投影，并想象出它们的形状，如图 3-30(b)、(c)、(d)、(e)所示。

（3）综合想象整体形状。确定各形体的相互位置，初步想象物体的整体形状，如图 3-30(e)、(f)所示。然后把想象的组合体与三视图进行对照、检查，如根据主视图中的圆线框及其在其他两视图中的投影想象出通孔的形状，最后想象出的物体形状如图 3-30(g)所示。

需要强调的是：因为形体分析法是假想把形体分解为若干基本几何体或简单形体，只是将复杂形体化繁为简的一种分析方法，以便理解空间形体与其投影之间的对应关系，实际上形体并未被分解，所以要注意整体图组合时的表面交线。

2）线面分析法

线面分析法读图，就是运用投影规律，通过对物体表面的线、面等几何要素进行分析，确定物体的表面形状、面与面之间的位置及表面交线，从而想象出物体的整体形状。此法用于切割类组合较为有效。利用线面分析法读图，关键在于正确分析投影图中每条线和每个线框的空间意义，如图 3-31 所示。

读图步骤如下：

（1）初步判断主体形状（见图 3-31(a)）。物体被多个平面切割，但从三个视图的最大线框来看，都是矩形，据此可判断该物体的主体应是长方体。

（2）确定切割面的形状和位置。图 3-31(b)是分析图，从主视图中可明显看出该物体有 a、b 两个缺口。其中缺口 a 是由两个平行的侧平面和相交的侧垂面切割而成。缺口 b 是由一个正平面和一个水平面切割而成。还可以看出主视图中线框 $1'$、俯视图中线框 1 和左视图中线框 $1''$ 有投影对应关系，据此可分析出它们是一个一般位置平面的投影。主视图中线段 $2'$、俯视图中线框 2 和左视图中线段 $2''$ 有投影对应关系，可分析出它们是一个水平面的投影，并且可以看出Ⅰ、Ⅱ两个平面相交。

（3）逐个想象各切割处的形状。可以暂时忽略次要形状，先看主要形状。比如看图时可先将缺口在三个视图中的投影忽略，如图 3-31(c)所示。此时物体可认为是由一个长方体被Ⅰ、Ⅱ两个平面切割而成，可想象出此时被切割物体的形状，如图 3-31(c)所示的立体图。然后再依次想象缺口 a、b 处的形状，如图 3-31(d)、(e)所示。

（4）想象整体形状。综合归纳各截切面的形状和空间位置，想象物体的整体形状，如图 3-31(f)所示。

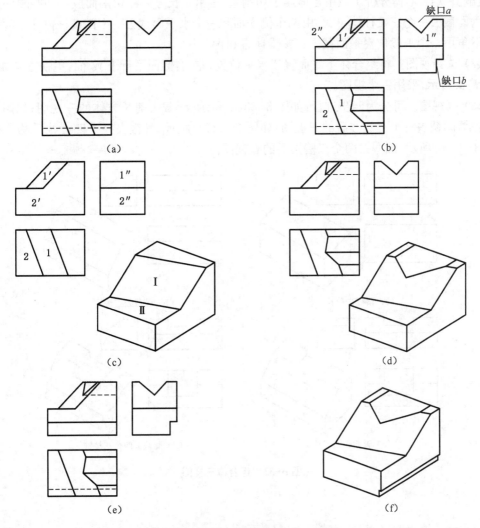

图 3-31　线面分析法读组合体三视图

【例题 3-5】　画出如图 3-32 所示形体的三视图。

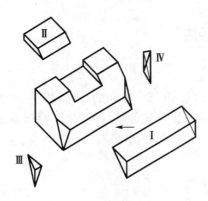

图 3-32　组合体形体训练

【解】 （1）形体分析。该组合体属于切割型，是由一长方体经切割而成。切割顺序：①由一侧垂面截去一个三棱柱体Ⅰ；②由两个侧平面和一个水平面截去一个四棱柱体Ⅱ；③在对称的前下角用一个一般位置平面截去三棱锥体Ⅲ和Ⅳ。

（2）选择视图。将组合体下底面置于水平位置，左、右侧面平行于 W 面，主视方向如图 3-32 中箭头所示，采用三个视图。

（3）画视图。可分为四步进行：如图 3-33(a)所示，画截去前长方体的三视图；如图 3-33(b)所示，画截去一个三棱柱后的三视图；如图 3-33(c)所示，画截去一个四棱柱后的三视图；如图 3-33(d)所示，画截去两个三棱锥后的三视图。

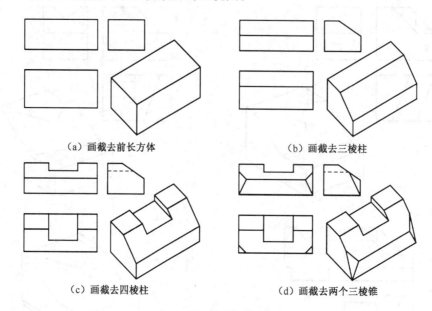

（a）画截去前长方体   （b）画截去三棱柱

（c）画截去四棱柱   （d）画截去两个三棱锥

图 3-33   组合体三视图

3.4   几何体的尺寸标注

3.4.1   平面立体的尺寸标注

1）尺寸标注的要求

长方体一般应标注出其长、宽、高三个方向的尺寸，棱柱、棱锥以及棱台的尺寸，除了应标注高度尺寸外，还要标出决定其顶面和底面形状的尺寸，根据需要有不同的注法，对于底面呈现规则形状的立体，可以省去一个或两个尺寸。

2）尺寸标注示例

尺寸标注示例如图 3-34 所示。

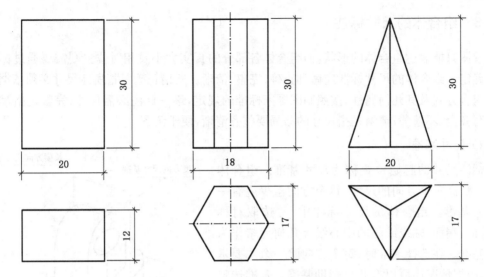

图 3-34　平面立体投影图的尺寸标注

3.4.2　曲面体的尺寸标注

1）尺寸标注的要求

圆柱和圆锥应标出直径和高度尺寸,圆台标注顶圆和底圆的直径及高度尺寸,圆球直径数字前加注"Sϕ"。

2）尺寸标注示例

尺寸标注示例如图 3-35 所示。

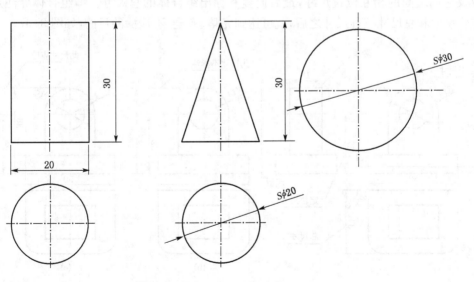

图 3-35　曲面立体投影图的尺寸标注

3.4.3 组合体的尺寸标注

视图只能表达组合体的形状,而组合体各部分的真实大小及相对位置则需要通过标注尺寸来确定。组合体的尺寸标注应做到正确、完整、清晰。所谓正确是指所注尺寸必须依据组合体的组合方式及其几何属性,按照制图国家标准的规定,逐一标注必需尺寸;完整是指尺寸必须注写齐全,不遗漏;清晰是指尺寸的布局要整齐清晰,便于读图。

1) 尺寸基准

标注尺寸的起始位置称为尺寸基准。组合体有长、宽、高三个方向的尺寸,每个方向至少应有一个尺寸基准。组合体的尺寸标注中,常选取对称面、底面、端面、轴线或圆的中心线等几何元素作为尺寸基准。在选择基准时,每个方向除一个主要基准外,根据情况还可以有几个辅助基准。基准选定后,各方向的主要尺寸(尤其是定位尺寸)就应从相应的尺寸基准进行标注。

如图 3-36 所示支架,是用竖板的右端面作为长度方向尺寸基准;用前、后对称平面作为宽度方向尺寸基准;用底板的底面作为高度方向的尺寸基准。

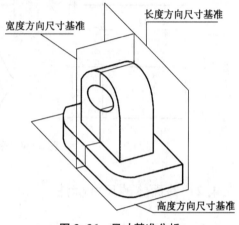

图 3-36 尺寸基准分析

2) 标注尺寸种类

标注尺寸要完整、准确。形体分析法是标注组合体尺寸的基本方法。要达到正确完整地标注尺寸,应首先按形体分析法将组合体分解为若干个形体,再标出表示各个形体的大小尺寸,以及它们之间的相互位置尺寸,最后调整和标出组合体的总尺寸。即组合体标注定形尺寸、定位尺寸和总尺寸三种尺寸之后,就可达到完整、齐全、不遗漏的目的,如图 3-37。

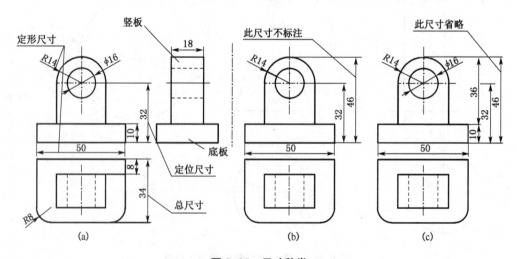

图 3-37 尺寸种类

（1）定形尺寸。确定构成组合体各基本几何体的长、宽、高三个方向的大小尺寸。如图 3-37 所示的 50、34、10、R8 等尺寸确定了底板的形状，而 R14、18 等是竖板的定形尺寸。

（2）定位尺寸。确定构成组合体各基本形体之间相对位置的尺寸。如图 3-37(a) 所示俯视图中的尺寸 8 确定竖板在宽度方向的位置，主视图中尺寸 32 确定 $\phi16$ 孔在高度方向的位置。

（3）总尺寸。用以确定组合体的总长、总宽和总高的尺寸。总尺寸有时和定形尺寸重合，如图 3-37(a) 中所示的总长 50 和总宽 34 同时也是底板的定形尺寸。对于具有圆弧面的结构，通常只注中心线位置尺寸，而不注总尺寸。如图 3-37(b) 中所示的总高可由 32 和 R14 确定，此时就不再标注总高 46 了。当标注了总尺寸后，有时可能会出现尺寸重复，这时可考虑省略某些定形尺寸。如图 3-37(c) 中所示的总高 46 和定形尺寸 10、36 重复，此时可根据情况将此二者之一省略。

【例题 3-6】 标注图 3-38(a) 中组合体的尺寸。

【解】 以图 3-38(a)、(b) 所示的支座为例说明组合体尺寸标注的方法和步骤。标注组合体的尺寸时，应先对组合体进行形体分析，选择基准，标注出定形尺寸、定位尺寸和总尺寸，最后检查、核对。

（1）进行形体分析。该支座由底板、圆筒、支撑板、肋板四个部分组成，它们之间的组合形式为叠加，如图 3-38(c) 所示。

（2）选择尺寸基准。该支座左右对称，故选择对称平面作为长度方向尺寸基准；底板和支撑板的后端面平齐，可选作宽度方向尺寸基准；底板的下底面是支座的安装面，可选作高度方向尺寸基准，如图 3-38(a)、(b) 所示。

（3）根据形体分析，逐个注出底板、圆筒、支撑板、肋板的定形尺寸，如图 3-38(d)、(e) 所示。

（4）根据选定的尺寸基准，注出确定各部分相对位置的定位尺寸。如图 3-38(f) 中确定圆筒与底板相对位置的尺寸 32，以及确定底板上两个 $\phi8$ 孔位置的尺寸 34 和 26。

（5）标注总尺寸。此图中所示支座的总长与底板的长度相等，总宽由底板宽度和圆筒伸出部分长度确定，总高由圆筒轴线高度加圆筒直径的一半决定，因此这几个总尺寸都已标出。

（6）检查尺寸标注有无重复、遗漏，并进行修改和调整，最后结果如图 3-38(f) 所示。

说明：在工程图中，尺寸的标注除了要齐全、正确、合理外，还应清晰、整齐、便于阅读。

（1）尺寸应尽量标注在视图图形以外，位于两视图之间，并靠近某一个投影图。如图 3-38(d) 所标的长度和高度尺寸。

（2）定形尺寸标注在能反映形体特征的投影图上。例如圆弧的直径或半径尺寸应标注在反映圆弧的投影上。如图 3-38(e) 上圆筒的定形尺寸 $\phi16$、R14 和砂孔的尺寸 $\phi8$ 等。

（3）为避免标注凌乱，同一方向的多个连续尺寸应尽量标注在同一条尺寸线上。如图 3-38(f) 主视图中高度尺寸 11、32。

（4）尽量避免尺寸线与尺寸线或尺寸界限相交。一组相互平行的尺寸应按小尺寸在内、大尺寸在外排列，如图 3-38(d)、(e)、(f) 主视图中长度尺寸 50 在小尺寸的外面。

（5）尺寸尽量不要标注在虚线上，以免表达不清。

（6）一个尺寸一般只标注一次，但在房屋建筑图中，必要时允许重复。

同一个组合体由于分解的方式不同,可能得出不同的基本形体组合,相应的标注也可能不同。

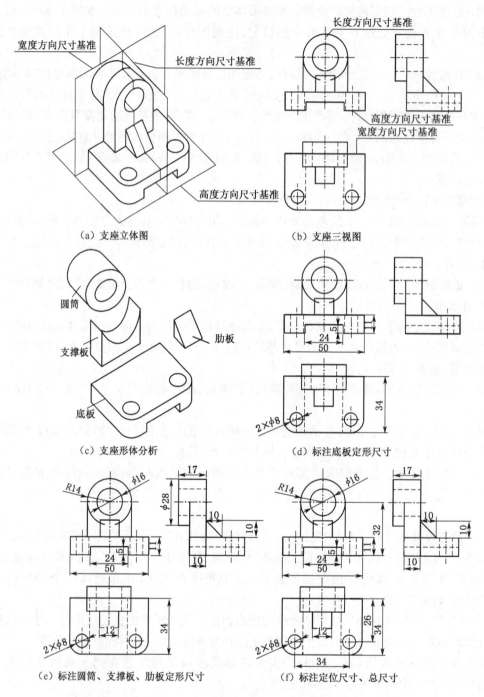

（a）支座立体图

（b）支座三视图

（c）支座形体分析

（d）标注底板定形尺寸

（e）标注圆筒、支撑板、肋板定形尺寸

（f）标注定位尺寸、总尺寸

图 3-38　支座的尺寸

【复习思考题】

3.1 如图 3-39 所示，补绘平面形体的第三投影。

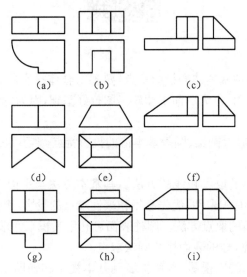

(a) (b) (c)

(d) (e) (f)

(g) (h) (i)

图 3-39

3.2 如图 3-40 所示，根据三棱锥的主视图和俯视图画出第三面投影图——左视图，并画出主视图中各点的其他投影。

3.3 补绘图 3-41 中投影所缺少的图线。

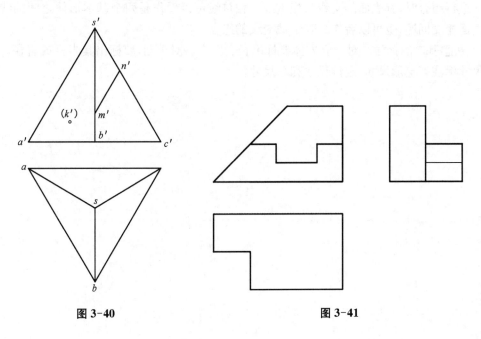

图 3-40

图 3-41

【本章小结】

本章的目标是掌握各种基本体的投影特点,熟悉组合体投影的相关知识。这既是对前面点、线、面的投影理论的应用,也为后面识读施工图打好基础,因为建筑物也可以看作各种基本体组合的复杂组合体。

1. 掌握棱柱、棱锥、圆柱、圆锥、圆等基本体的投影特点,熟悉组合体投影的相关知识。这是之后施工图识读的基础。

2. 掌握平面立体表面的取点和线的方法。其基本方法与平面上取点和线的方法是一致的。解题时如果表面投影有积聚性,优先利用积聚性求点的投影,否则采用辅助线进行求点。

3. 掌握曲面立体表面的取点方法。圆柱表面可利用其积聚性求点,圆锥表面取点可用素线法,也可采用纬圆法求点,球的表面用纬圆法求点。

4. 对于工程视图常用的三视图,本章扩展到基本视图和辅助视图,阐述了画组合体时视图的选择。

5. 组合体读图的基本方法,常用形体分析法和线面分析法。其中线面分析法是基本的分析方法,形体分析法是从整体把握的分析方法。

6. 组合体的视图绘制时,要注意在组合时两个基本形体表面的交线情况。基本形体在相互进入进行组合时,其表面的交线为相贯线。相贯线可以看作是两个基本形体之间的线面相交或面面相交问题,也可以看作是若干截交线的组合。

7. 熟悉基本的标注。对于立方体要标出长、宽、高。对于圆,要标出其半径或直径。组合体的尺寸标注有定形尺寸、定位尺寸和总尺寸。

4

建筑与室内形体的剖切投影

导论

建筑与室内剖切投影,指的是假想用一个或多个垂直于外墙或内墙轴线的铅垂剖切面,将房屋剖开,所得的投影图称为剖切投影图,简称剖面图。剖面图用以表示房屋内部的结构或构造形式、分层情况和各部位的联系、材料及其高度等,是与平、立面图相互配合、不可缺少的重要图样之一。

容易与剖面图混淆的断面图,是指在建筑施工图中,针对梁、柱、屋架、基础等构件,我们用假想的剖切面将其割切开(按剖切符号所标注的位置),用正投影的方法,只将被剖切到的轮廓绘出剖切面,后面的部分不绘,只表示部分构造情形,这种图称为断面图。

【教学目标】 认识并学习剖面与断面的基本知识;掌握剖面的种类,以及剖面和断面的基本画法。

【教学重点】 学习平面图中剖切符号和断面符号的表达方法,理解平面和剖面、断面的对应关系。

【教学难点】 剖面图中剖切位置和未剖切位置线型粗细的表达,以及节点剖面中的详图做法。

4.1 剖面图

在图纸的三面投影中,形体的可见轮廓线用粗实线表示,不可见的轮廓线用虚线表示。当形体的内部构造比较复杂时,图形中的虚、实线会重叠交错,让人混淆不清,所以为了清楚地表达该形体的内部形状、材料及构造,可以用一个面假想剖开,令其内部显露出来,使物体的不可见部分变成可见部分。

4.1.1 剖面图的形成

假想用一个剖切面将形体剖开,移去剖切面与观察者之间的部分,将剩余部分的投影投到与剖切平面平行的投影面上,所得的投影图称为剖面图,简称剖面。

如图 4-1 所示,为了表明杯形基础的内部结构,假想用一个通过基础左右对称面的剖切平面 P 将基础切开,然后移去剖切平面 P 和观察者之间的部分,将剩余的右半个基础向投影面作投影,所得到的投影图即为基础的侧向剖面图。

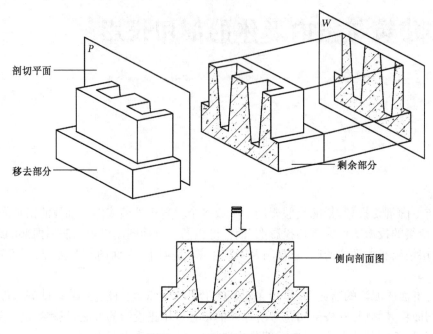

剖切平面

移去部分

剩余部分

侧向剖面图

图 4-1 杯形基础剖面图的形成

4.1.2 剖面图画法

1）确定剖切平面的位置及数量

画剖面图时,应该选择合适的剖切平面位置,以确保剖切后的图形能够全面、确切地反映所要表达部位的真实情况。

（1）选择的剖切平面应平行于投影面,并且通过形体的对称面或者孔的轴线。

（2）根据形体的复杂程度来确定形体需要画的剖面图数量。

2）画剖面图注意点

剖面图绘制时除了应该画出剖切面剖切到部分的图形外,还应画出沿投射方向看到的部分,被剖切面切到部分的轮廓线用粗实线绘制;剖切面没有切到,但沿投射方向可以看到的部分,用中实线绘制。在制图基础阶段,被剖切到的和沿投射方向可见的轮廓线要注意区分线的粗细进行绘制。

3）画材料图例

为了区分形体的空腔和实体,剖切平面与物体接触部分应画出材料图例,同时表明建筑物是用什么材料建成的。（如表 4-1）

如未注明该形体的材料,则应在相应的位置画出同向、同间距并与水平线成 45°的细实线,也叫剖面线。

表 4-1 常用建筑材料图例画法

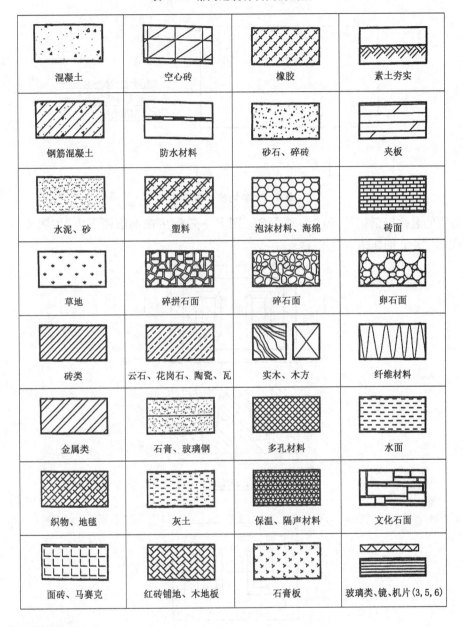

混凝土	空心砖	橡胶	素土夯实
钢筋混凝土	防水材料	砂石、碎砖	夹板
水泥、砂	塑料	泡沫材料、海绵	砖面
草地	碎拼石面	碎石面	卵石面
砖类	云石、花岗石、陶瓷、瓦	实木、木方	纤维材料
金属类	石膏、玻璃钢	多孔材料	水面
织物、地毯	灰土	保温、隔声材料	文化石面
面砖、马赛克	红砖铺地、木地板	石膏板	玻璃类、镜、机片(3,5,6)

4）剖面图标注

为了便于阅读、查找剖面图与其他图样间的对应关系以及表达剖切情况,在平面图上应该标注剖切位置及投影方向,同时要注明剖面图的名称。

剖切位置及投影方向用剖切符号来表示,剖切符号由剖切位置线及剖视方向组成,均用粗实线绘制。剖切位置线的长度宜为 6～10 mm;剖视方向线垂直于剖切位置线,长度短于剖切位置线,宜为 4～6 mm,如图 4-2 所示。绘制时,剖视的剖切符号不应与其他图线相接触。

剖切符号的编号一般采用阿拉伯数字,按顺序从左到右、从上到下连续编排,并注写在剖视方向线的端部。需要转折的剖切位置线,宜在转角外侧加注与该符号相同的编号。

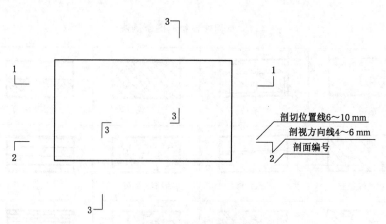

剖切位置线6～10 mm
剖视方向线4～6 mm
剖面编号

图 4-2 剖切符号和编号

剖面图的名称以剖切符号的编号命名。图名一般标注在剖面图下方,如图 4-3 所示的"1-1剖面图""2-2 剖面图"。

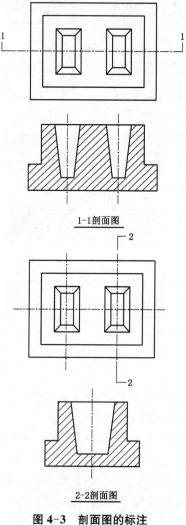

1-1剖面图

2-2剖面图

图 4-3 剖面图的标注

4.1.3　剖面图的种类及应用

1）全剖面图

用一个剖切面将形体全部剖开所得到的剖面图称为全剖面图。全剖面图常用于外形比较简单,需要完整地表达内部结构的形体,如图 4-4 所示。

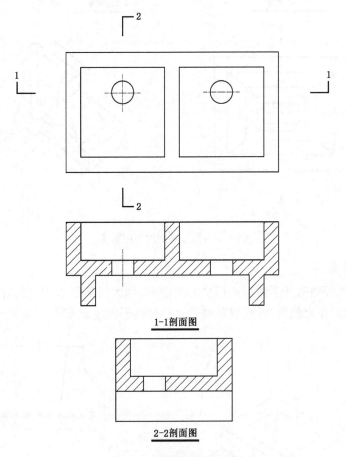

1-1剖面图

2-2剖面图

图 4-4　水槽的全剖面图

2）半剖面图

当形体对称且内外形状都需要表达清楚时,可假想用一个剖切面将形体剖开,在同一个投影图上以对称线为界,画出半个外形投影图与半个剖面图,这种组合而成的图形称为半剖面图。如图 4-5 所示。

画半剖面图时,应注意以下三点:

(1)半剖面图与半外形投影图应以形体的对称轴线(细单点长画线)作为分界线,也可以对称符号作为分界线,但不能画成实线。

(2)半剖面图一般应画在水平对称轴线的下方或垂直对称轴线的右方。

(3)剖切后,在半剖面图中已经清楚地表达了内部结构形状,在半外形投影图中其虚线一般不再出现。

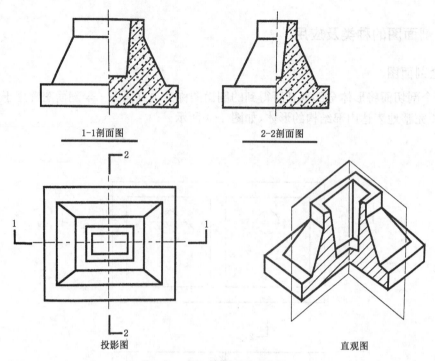

1-1剖面图　　　　　　2-2剖面图

投影图　　　　　　　　　直观图

图 4-5　杯形基础的半剖面图

3) 局部剖面图

用剖切平面局部地剖开形体后所得到的剖面图,称为局部剖面图。局部剖面图常用于没有对称面,且外部形体比较复杂,仅仅需要表达局部内形的建筑形体。如图 4-6 所示。

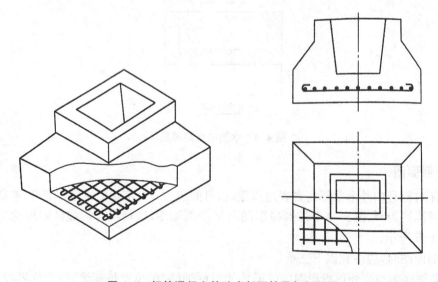

图 4-6　钢筋混凝土基础底部配筋局部剖面图

从图中不仅可以了解到该基础的形状、大小,而且从水平投影图上的局部剖面图还可以了解到该基础的配筋情况。局部剖面图在投影图上用波浪线作为剖切部分与未剖切部分的分界线,分界线相当于断裂面的投影。因此,波浪线不得超过图形的轮廓线,也不能画成图形的延长线。

4）分层剖面图

用几个互相平行的剖切平面分别将物体局部剖开,将几个局部剖面图重叠画在一个投影图上,用波浪线将各层的投影分开,这样的剖切称为分层剖切的剖面图。如图4-7所示。

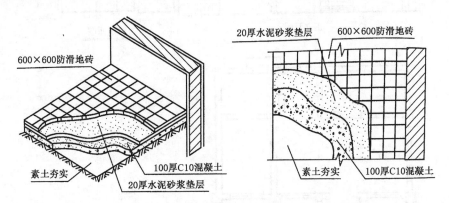

图4-7 地坪层分层剖面图

从图中可以看出,地坪层的分层剖面图按照层次以波浪线将各层隔开,其中波浪线不应与任何图线重合。在建筑工程和工程图中,常使用分层剖切法来表达物体各层不同的构造作法。

5）阶梯剖面图

用两个或两个以上的平行剖切面剖切形体所得到的剖面图称为阶梯剖面图。阶梯剖面图用在一个剖切面不能将形体需要表示的内部全部剖切到的形体上,如图4-8、图4-9所示。

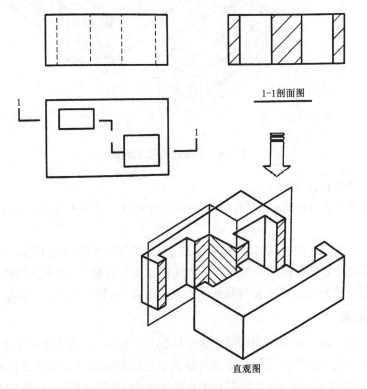

图4-8 形体的阶梯剖面图

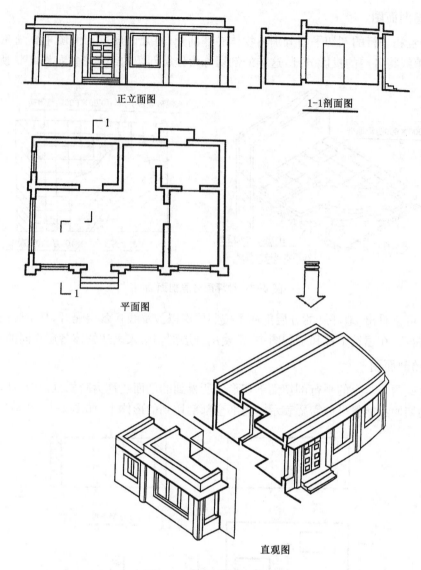

正立面图

1-1剖面图

平面图

直观图

图 4-9 房屋的阶梯剖面图

画阶梯剖面图时应注意以下三点：

（1）为反映形体上各内部结构的实形,阶梯剖面图的几个平行剖切平面必须平行于某一基本投影面。

（2）由于剖切是假想的,所以在阶梯剖面图上,剖切平面的转折处不能画出分界线。

（3）阶梯剖面图要求在剖切平面的起止和转折处均进行标注,画出剖切符号,并注明相同的编号。当剖切位置明显但又不易与其他图线发生混淆时,转折处允许省略编号。

6）展开剖面图

采用两个或两个以上相交的剖切平面将形体剖开（其中一个剖切平面平行于一投影面,另一个剖切平面则与这个投影面倾斜）,假想将倾斜于投影面的断面及其所关联部分的形体绕剖切平面的交线（投影面垂直线）旋转到与这个投影面平行,再进行投影,所得到的剖面图称为展开剖面图。如图 4-10 所示。

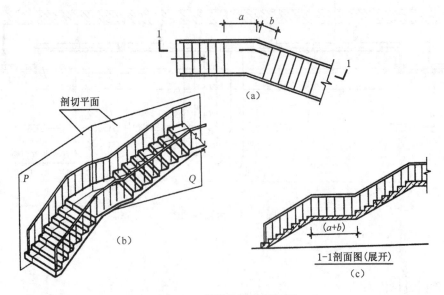

图 4-10　楼梯的展开剖面图

画展开剖面图时,需要注意以下三点:

(1) 在画展开剖面图时,常选用其中一个平行于投影面的剖切平面,投影时,另一个倾斜于投影面的剖切平面,先绕剖切平面的交线旋转到平行于投影面的位置,再投影。

(2) 在剖切面的截面上,不应画出两相交剖切平面的分界线。

(3) 展开剖面图的标注与阶梯剖面图基本相同。展开剖面图应在图面后加注"展开"字样。

4.1.4　剖面详图

所谓详图是指某部位的详细图样,其目的在于用放大的比例画出那些在其他视觉图中难以表达清楚的部位。比如室内设计中做吊顶图,设计的天花造型复杂,则必须绘制天花剖面图,详细说明天花造型、尺寸、灯具、电器、音响、设备及使用的材料等,如图 4-11 所示。

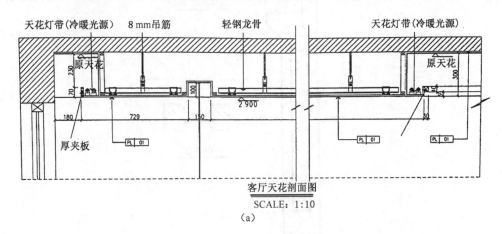

客厅天花剖面图
SCALE: 1:10
(a)

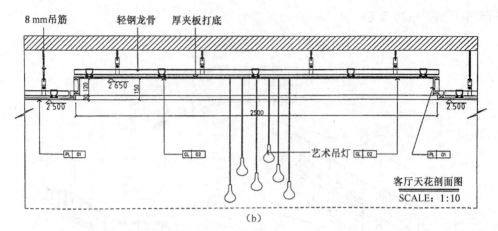

图 4-11 天花剖面图

4.2 断面图

4.2.1 断面图的形成

假想用剖切平面将形体剖切后,仅将剖到的断面向与其平行的投影面投影,所得到的投影图称为断面图。

断面图常用于表达建筑工程中梁、板、柱某一部分的断面形状,也用于表达建筑形体的内部构造。断面图常与基本视图的剖面图互相配合,使建筑形体的图样表达更加完整、清晰和简明。图 4-12 为牛腿柱的 1-1、2-2 断面图,表达了其上柱和下柱的截面形状。

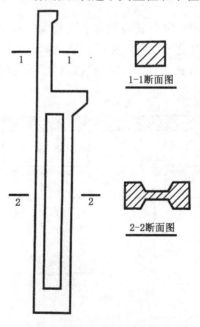

图 4-12 牛腿柱断面图

4.2.2 断面图与剖面图的区别

剖面图除了应该画出剖切面切到部分的图形外,还应画出沿投射方向看到的部分,被剖切面切到部分的轮廓线用粗实线绘制;剖切面没有切到,但沿投射方向可以看到的部分,用中实线绘制。断面图则只需要用粗实线画出剖切面切到部分的图形即可。如图 4-13 所示。

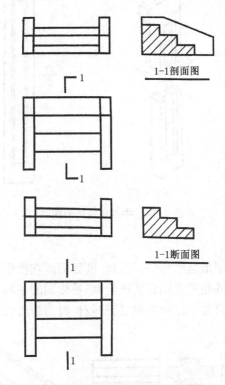

图 4-13 台阶剖面图与断面图的区别

断面图和剖面图的符号也有不同,断面图的剖切符号只画长度 6～10 mm 的粗实线作为剖切位置线,不画剖视方向线,编号写在投影方向的一侧;而剖面图的剖切符号由剖切位置线和剖视方向线所组成。

4.2.3 断面图的种类

1)移出断面图

布置在形体投影图形以外的断面图称为移出断面图。移出断面图的轮廓线用粗实线绘制。移出断面图应该尽量配置在剖切位置线的延长线上,必要时也可以将移出断面图配置在其他适当的位置,如图 4-14 所示。

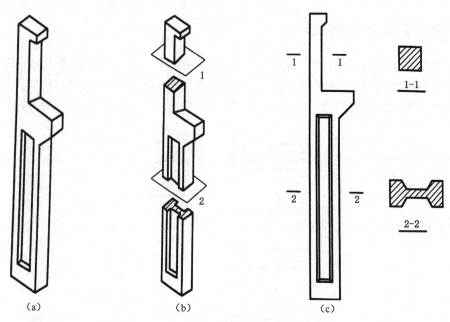

图 4-14　牛腿柱的断面图

2）中断断面图

有些构件比较长且断面图形是对称的，可以将断面图画在投影图的中断处，这种断面图称为中断断面图。中断断面图的轮廓线用粗实线绘制，投影图的中断处用波浪线或折断线绘制，用这种方法表达时不画剖切符号。比如当梁、屋架较长时的断面绘制如图 4-15 所示。

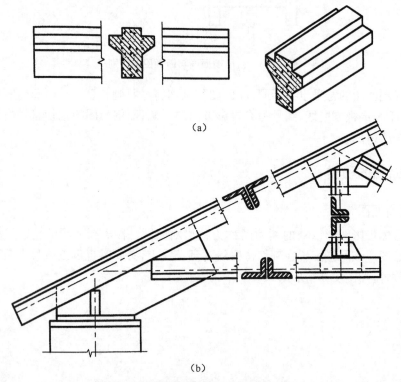

（a）

（b）

图 4-15　断面图画在梁、屋架的中断处

3）重合断面图

有些投影为了便于读图,在不至于引起误解的情况下,也可以直接将断面图绘制在视图内,称为重合断面图。重合断面图的轮廓线用细实线画出,当投影图的轮廓线与断面图的轮廓线重叠时,投影图的轮廓线仍需要完整地画出,不可以间断。重合断面图不需要标注剖切符号。如图 4-16 所示。

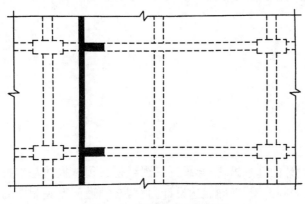

图 4-16　楼板的重合断面图

【复习思考题】

4.1　什么是剖面图? 什么是断面图? 它们有什么区别?

4.2　常用的剖面图有几种? 分别适用于什么形体?

4.3　常用的断面图有几种? 它们有哪些区别?

【本章小结】

本章的目标是认识并学习剖面与断面的基本知识,掌握剖面的种类以及剖面和断面的基本画法。通过本章的学习,可以帮助大家加深对建筑室内外结构节点的了解,能很好地帮助大家之后绘制相关结构和节点详图,并与之后要学的建筑材料相结合,做好专业与实际项目的对接,为以后的实习和工作做好准备。

1. 从最基础的平面图上剖切符号和断面符号的表达方法学习,理解平面和剖面、断面的对应关系,通过简单的零部件和建筑台阶坡道引入主题,易于理解和操作。

2. 通过对剖面图的种类进行划分,详细讲解全剖面图、半剖面图、局部剖面图、分层剖面图、阶梯剖面图和展开剖面图的区别,加深大家对剖面图各种平面剖切方式和具体剖面图作法及应用的了解。

3. 注意运用剖面图中剖切位置和未剖切位置的线型粗细表达,以及了解节点剖面中的详图做法,具体以文中天花剖面详图为例。

4. 以台阶为例说明断面图与剖面图平面和投影的区别,简洁明了。

5. 通过对断面图的种类划分,详细讲解移出断面图、中段断面图、重合断面图的区别,加深大家对断面图作法及应用的了解。

6. 通过课后思考题和作图题复习巩固之前断面和剖面的相关知识点,帮助加深理解两种图的区别和作法。

5 形体的相交与相贯

导论

建筑图纸是建筑设计的基本语言,会画建筑图纸是必须掌握的基本技能。为保证能够正确绘制复杂形体的平、立剖面图,准确表达设计内容,必须遵照有关制图的规范进行制图。本章主要讲解了与形体的相交与相贯有关的知识,要求了解形体相交与相贯的概念,掌握不同形体相交相贯所产生的相贯线。本章的学习对学生了解建筑设计过程中形体造型的创作有着重要的意义。

【教学目标】 了解形体相交与相贯的概念,掌握相贯线的求法,能够正确表达不同形体相交相贯所产生的复杂形体的平、立剖面图。

【教学重点】 建筑屋面相贯所产生的相贯线的求法。

【教学难点】 两坡屋面与两坡屋面的相贯。

案例导入:当形体与形体相互交接时,会出现交线(图5-1中虚线框内的实线)。

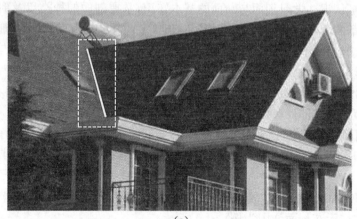

(a)

（b）

图 5-1　形体的相交与相贯

5.1　相关概念

5.1.1　相贯与相贯线的概念

两个物体的相交又称为相贯。当两个物体相交时所组成的新的物体称为相贯体,相贯所形成的表面楞线称为相贯线。

5.1.2　相贯的类型

相贯分为全贯和互贯,如图 5-2 和图 5-3 所示。

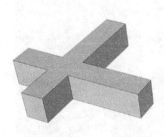

图 5-2　全贯

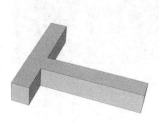

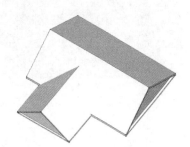

图 5-3　互贯

5.2　相贯线的性质

　　相贯线是两个形体相交的共有线,也是两个形体表面的分界线。相贯线上的点是两个形体表面的共有点,同时存在于两个形体的表面上。如果相交形体的表面是曲面,则相贯线是曲线。通常情况下,相贯线是一条封闭的空间线;特殊情况下,相贯线也可能是平面曲线或直线。如图 5-4、图 5-5 所示。

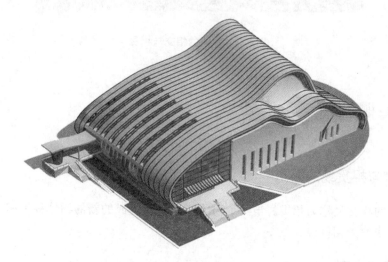

图 5-4　相贯线为曲线

图 5-5　相贯线为直线

5.3　相贯线的求法

依据形体的三视图,求出相贯线上多点的投影,然后将这些点依次用平滑的曲线连接起来,得到相贯线的近似线,求得的点越多曲线就越精确。具体分以下几步:

(1) 分析形体的相交特性。

(2) 求出相贯线上特殊点的投影。

(3) 求出相贯线上一定数量的一般点的投影。

(4) 将各点按照位置顺序依次平滑地连接起来,可见的图线画实线,不可见的图线画虚线。

(5) 完成其他相关图线的绘制。

5.3.1　一般形体相贯

以柱与柱相贯为例,圆柱相贯有外表面与外表面相贯(图 5-6)、外表面与内表面相贯(图 5-7)和两内表面相贯(图 5-8)三种形式,这三种形式相贯线的形状和作图方法相同。

图 5-6　两外表面相贯

图 5-7　外表面与内表面相贯

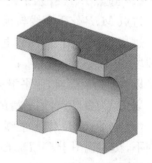

图 5-8　两内表面相贯

【例题 5-1】　已知形体的 H、F 投影,求其 S 投影。（图 5-9）

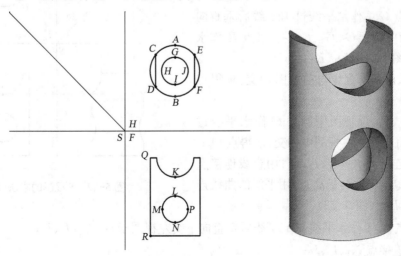

图 5-9

【解】 (1) 过点 A、B、Q、R 作水平线,求得左视图的矩形。(图 5-10)

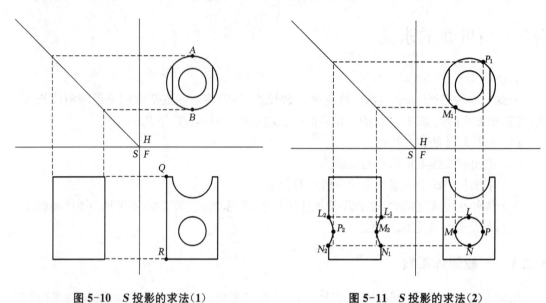

图 5-10 S 投影的求法(1)   图 5-11 S 投影的求法(2)

(2) 过点 L、N 作水平线与左视图相交,求得点 L_1、L_2、N_1、N_2;

过点 M、P 作垂直线与顶视图相交,求得点 M_1、P_1;

过点 M_1、P_1 作水平线,过 135°线后垂直向下与线 L_1L_2、N_1N_2 相交,被线 L_1L_2、N_1N_2 所截线段的中点记为 M_2、P_2;

以 M_2 为最高点,用平滑的曲线连接点 L_1、M_2、N_1;

以 P_2 为最高点,用平滑的曲线连接点 L_2、P_2、N_2。(图 5-11)

(3) 过点 C、D 作水平线,经过 135°线后垂直向下,交左视图于 C_1、D_1、O,过点 K 作水平线交左视图于 K_1、K_2;

用平滑的曲线连接点 C_1、K_2;用平滑的曲线连接点 D_1、K_1。(图 5-12)

(4) 过点 G、I 作水平线过 135°线后垂直向下,在左视图中交于 G_1、G_2、I_1、I_2。过点 K 作水平线在左视图中交于 K_1、K_2;

过点 H、J 作垂直线与前视图相交,求得点 H_1、J_1;

过点 H_1、J_1、顶视图中圆心 O 作水平线过 135°线后垂直向下在左视图中相交,求得点 O_1;

用直线连接点 K_1、I_1、I_2、L_1;用直线连接点 K_2、G_1、G_2、L_2;以 O_1 为最高点,用平滑的曲线连接点 G_1、O_1、I_1。(图 5-13)

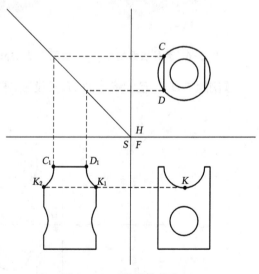

图 5-12 S 投影的求法(3)

(5) 过点 G、工作水平线交 135°线后垂直向下交左视图于 G_3、G_4、I_3、I_4;

用直线连接点 N_1、I_3、I_4;

用直线连接点 N_2、G_3、G_4；用直线连接点 G_2、I_3；用直线连接点 I_2、G_3。（图 5-14）

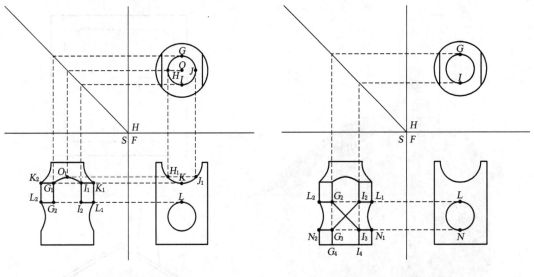

图 5-13 S 投影的求法（4）　　　　图 5-14 S 投影的求法（5）

（6）整理图线，将看不见的线用虚线表示，求得最终的左视图。（图 5-15）

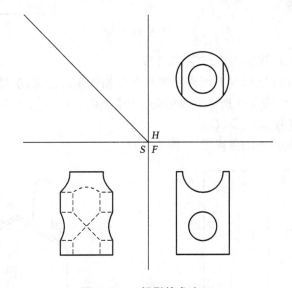

图 5-15 S 投影的求法（6）

5.3.2　建筑形体的相贯

在这里，我们主要以建筑屋面的相贯为例。

【例题 5-2】 烟囱与坡屋面相交,已知其 F 投影和 H 投影的一部分,完成 H 投影。(图 5-16)

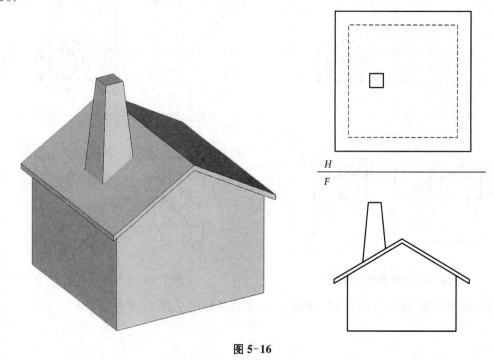

图 5-16

【解】 (1) 过点 E、G 作垂直线。(图 5-17)

(2) 过点 A、C 作 135°线与点 E 所作垂线和点 G 所作垂线相交,求得点 A_1、C_1;过点 B、D 作 45°线与点 E 所作垂线和点 G 所作垂线相交,求得点 B_1、D_1。(图 5-18)

(3) 用直线连接点 A_1、B_1、C_1、D_1。

(4) 整理图线,求得最终的顶视图。(图 5-19)

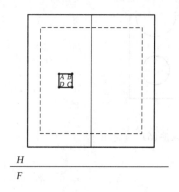
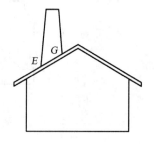

图 5-17

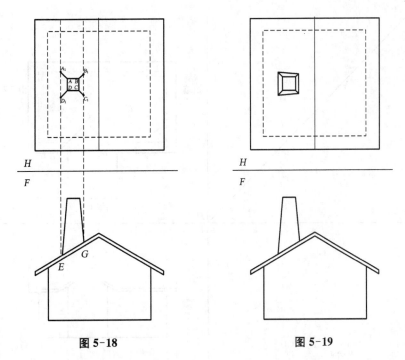

图 5-18   图 5-19

【例题 5-3】 已知建筑物外墙平面轮廓（虚线）和屋面轮廓（实线）如图 5-20 所示。如设计为两坡屋面,坡度均为 30°,山墙位置如图 5-20,檐口高度相等(见立面)。完成屋顶平面和立面图。

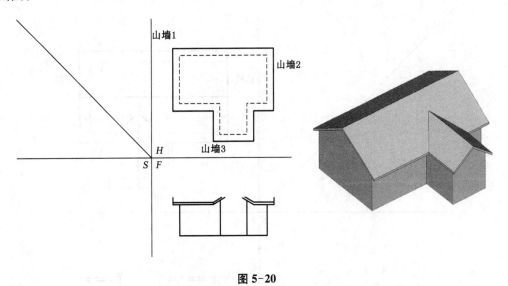

图 5-20

【解】 （1）过点 A 作 45°斜线,过点 B 作 135°斜线,两线相交求得点 C。（图 5-21）

（2）过点 C 作垂直线与山墙 3 相交,求得点 D;连接山墙 1 与山墙 2 的中点,求得屋脊线 EJ。（图 5-22）

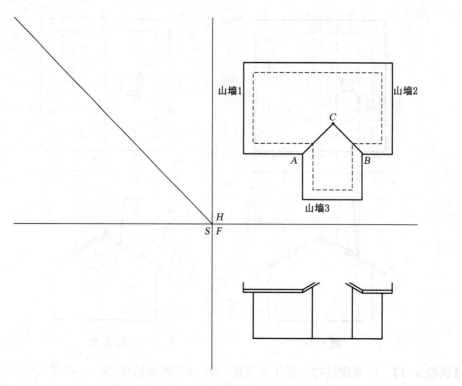

图 5-21　屋顶平面的求法（1）

【例 5-3】 ... ...

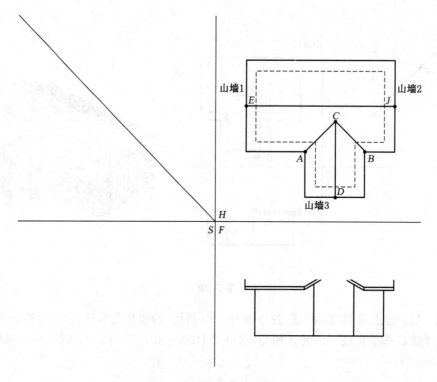

图 5-22　屋顶平面的求法（2）

（3）过点 D 作垂直线，延长前视图中过 A_1、A_2、B_1、B_2 的四条线，相交求得点 D_1、D_2。
（图 5-23）

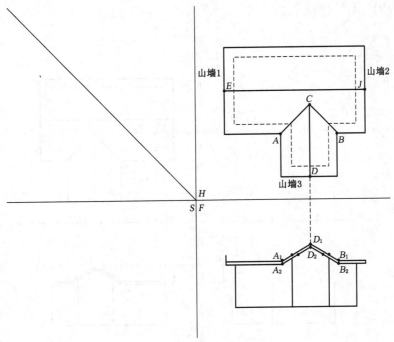

图 5-23 屋顶平面的求法（3）

（4）过顶视图中外墙轮廓线（虚线）作水平线后，过 135°线后垂直向下，过前视图中外墙线顶点作水平线，相交求得部分外墙线的左视图。（图 5-24）

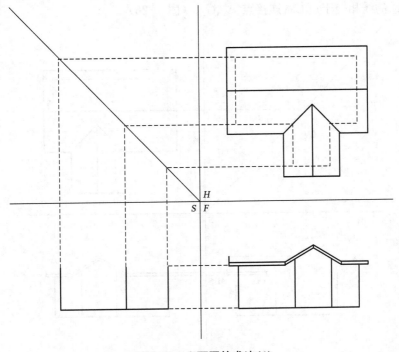

图 5-24 立面图的求法（1）

（5）过点 C、D 作水平线后，过 $135°$ 线垂直向下。过点 D_1 作水平线，在左视图中三线交于 C_1、D_3；用直线连接点 C_1、D_3；过点 A_2 作水平线，与过点 D 在左视图中的辅助线相交于点 A_3。用直线连接点 D_3、A_3。（图 5-25）

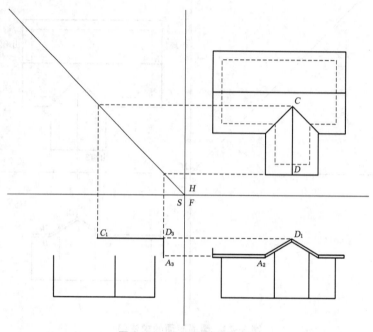

图 5-25　立面图的求法（2）

（6）过点 E 作水平线，过 $135°$ 线后垂直向下。过点 A_1、A_2 作水平线；过点 C_1 作 $150°$ 斜线，与过点 E 在左视图中的辅助线相交于点 E_1，与过点 A_1 的线相交于点 G_1；过点 G_1 作垂直线，与过点 A_2 的线相交于点 G_2；连接点 A_3、G_2。（图 5-26）

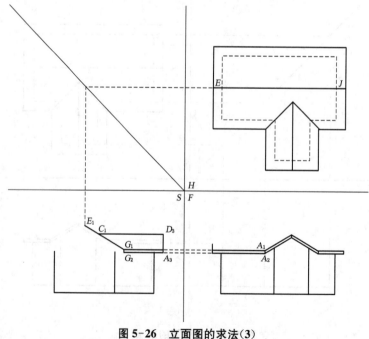

图 5-26　立面图的求法（3）

（7）根据三视图的画法，完成左视图中剩下的屋檐线。（图5-27）

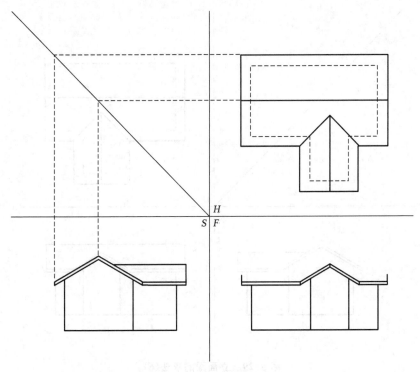

图5-27　立面图的求法（4）

（8）过点 E_1 作水平线，延长点 H、I 与其相交于点 E_2、J_1。（图5-28）

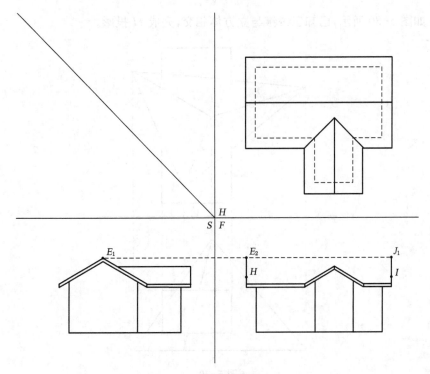

图5-28　立面图的求法（5）

（9）用直线连接点 E_2、J_1，完成立面图。（图 5-29）

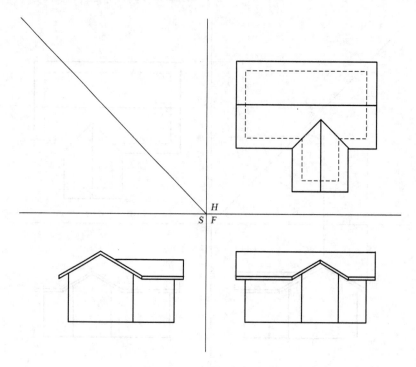

图 5-29　立面图的求法（6）

【复习思考题】

5.1　如图 5-30 所示,已知三棱锥与立方体相交,完成 H 投影。

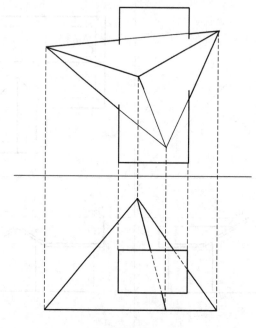

图 5-30

5.2 如图 5-31 所示,已知建筑物外墙平面轮廓(虚线)如图 5-31(a)所示,如设计为四坡屋面,檐口出挑 1 000 mm,高度见如图 5-31(b)、(c)所示的立面图,屋面坡度 30°。完成屋顶平面和立面图。

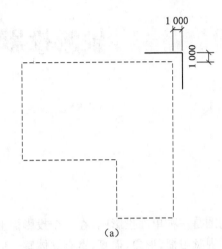

（a）

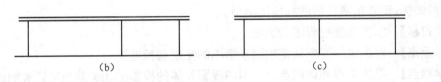

（b）   （c）

图 5-31

【本章小结】

相贯线是两立体表面的共有线,也是两立体的分界线;相贯线上的点是两立体表面的共有点;相贯线一般为封闭的空间曲线,但在特殊情况下也为平面曲线或直线,也可能不封闭。

本章的目标是了解形体相交与相贯的概念,掌握相贯线求法的相关知识。这既是对前面点、线、面的投影理论的应用,也为后面的设计课打好基础,因为建筑物也可以看作各种基本体组合而成的复杂组合体。

1. 了解相贯与相贯线的概念,这是之后图纸解读的基础。

2. 掌握相贯的类型,理解不同的相贯产生的相贯线是不同的。

3. 掌握相贯线的性质,这是之后相贯线绘制的基础。

4. 一般形体相贯线的求法与复杂形体相贯线求法是相通的。两坡屋面的相贯是本章的难点,学习并掌握两坡屋面的相贯,对求解四坡屋面的相贯、两坡与四坡屋面的相贯这些更加复杂的形体相贯线有着重要的参考意义。

6 轴测投影图

导论

轴测图是一种单面投影图,在一个投影面上能同时反映出物体三个坐标面的形状,并接近于人们的视觉习惯,形象,逼真,富有立体感。但轴测图一般不能反映出物体各表面的实形,因而度量性差,同时作图较复杂。在设计中,常用轴测图帮助构思、想象物体的形状,以弥补正投影图的不足。

本章主要讲解了轴测投影与轴测投影图的相关知识,要求了解轴测投影图的分类,掌握轴测投影图的画法,理解轴测投影图的应用类型。

【教学目标】 掌握轴测投影图的画法。

【教学重点】 根据实际需要调整轴测投影图的角度与长度。

【教学难点】 熟练掌握和运用点、线、面的投影及体的投影的相关知识来理解轴测投影和轴测投影图的相关知识。

案例导入:

当投影线不垂直于投影面时,物体的投影是轴测投影。轴测投影包括正轴测投影和斜轴测投影两类(如图 6-1、图 6-2),它们均属于平行投影。轴测投影的特点:物体上的平行线投影后仍相互平行,且变形比例相同。

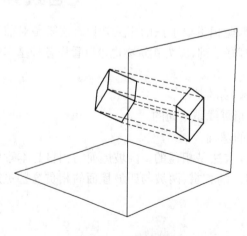

图 6-1　正轴测投影

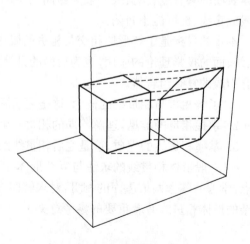

图 6-2　斜轴测投影

6.1 轴测投影图

6.1.1 轴测投影图的概念

　　轴测投影图并不是轴测投影直接生成的投影图,而是用简化了的轴倾角和变形系数画出的具有轴测投影特点的图。轴测投影图中的术语有轴测轴、轴间角、轴倾角、轴向伸缩系数(如图6-3)。

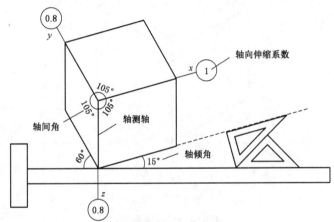

图6-3　轴测投影图中的术语

6.1.2 轴测投影图的特点

　　(1)轴测投影图的三个轴测轴分别对应空间坐标体系中的三个坐标轴 OX、OY、OZ。
　　(2)凡平行于坐标轴的直线,在轴测投影图中平行于相应的轴测轴。
　　(3)凡平行于轴测轴的直线可以按比例(轴向伸缩系数)绘制。

6.2 轴测投影图的分类

表6-1　轴测投影图的分类

正轴测图			斜轴测图		两面轴测图
正等轴测图	正二等轴测图	一般正轴测图	立面斜轴测图	水平斜轴测图	
三个面变形程度一致,作图方便	两个面变形程度一致,第三个不同	生动、逼真,但作图较复杂	正立面反映实形	顶面反映实形	仅表现两个面,缺乏立体感

6.2.1 正轴测图

1）正等轴测图

正等轴测图是建筑师最常用的基本轴测投影图之一。

为作图简便,取轴向伸缩系数为 1：1：1,即与轴平行的直线长度不变,轴测轴间角均为 120°,可得正等轴测图(如图 6-4)。

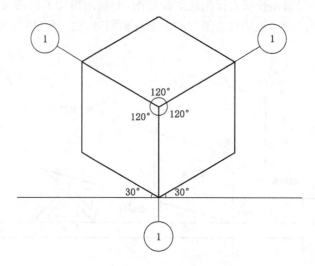

图 6-4　正等轴测图

正等轴测图的特点如下:

（1）可以直接用丁字尺和三角板作图。

（2）与轴测轴平行的直线均可直接量取。

（3）三个面变形程度一致,表现上没有侧重。

（4）不能直接利用平面或立面作图。

（5）平面上 45°线在轴测图中与垂直线重合,有较多 45°线的建筑形体易丧失立体感。

2）正二等轴测图

正二等轴测投影是正轴测投影中的一类。

当两条坐标轴与投影面的倾角相等,而第三条轴的不同时,投影的两个轴测轴间角相等,两条轴测轴的变形系数也相等,因而两个面的变形一致,而第三个面不同。如图 6-5。

变形相同的两个面可以是两个立面,这时轴测投影是对称的;也可以是一个立面和一个平面,这时轴测投影是不对称的,看起来对立面的表达有所侧重。

3）正三等轴测图

正三等轴测投影指的是正轴测投影中三条坐标轴与投影面的倾角均不相等的情况,此时投影的轴间角与变形系数都不相等,立方体的三个面变形程度也不同。因此,正三等轴测投影有无穷多角度与变形的可能。

为方便作图,用简化的轴向伸缩系数和轴倾角,称为正三等轴测图。如图 6-6。

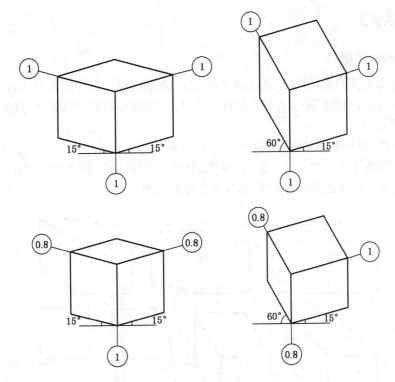

图 6-5 正二等轴测图

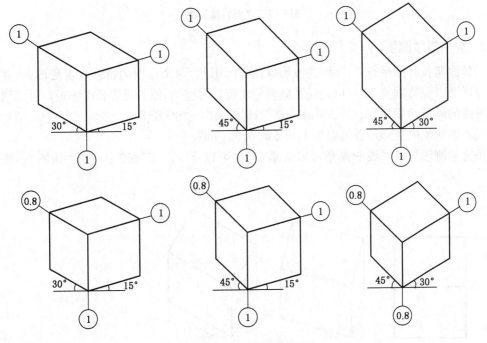

图 6-6 正三等轴测图

6.2.2 斜轴测图

1）立面斜轴测图

当某一立面与投影面平行时,进行斜投影,这一立面的投影保持实际形状,顶面与另一立面的投影发生变形,与投影面垂直的坐标轴的投影发生倾斜,角度可以是任意的,沿此轴直线的投影长度缩短。

为方便作图,可以取倾斜的轴测轴与水平线的夹角为 0°、15°、30°、45°、60°、75°或 90°,此轴的变形系数可以为 1、0.8 或 0.5。这一类轴测图称为立面斜轴测图(如图 6-7)。其中,夹角为45°、变形系数为 0.5 的轴测图最常用,称为斜二等轴测图。

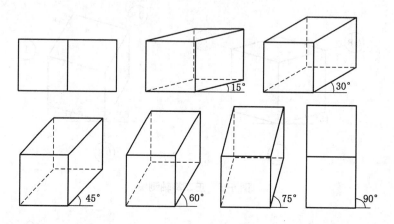

图 6-7 立面斜轴测图

2）水平斜轴测图

当顶面与投影面平行时,顶面的投影保持实际形状,两个立面的投影发生变形,垂直坐标轴的投影可以保持垂直,也可以是任意倾斜的角度,沿此轴直线的投影长度缩短。可以取平面与水平线的倾斜角度为 0°、15°、30°、45°、60°、75°或 90°。如图 6-8。

垂直轴测轴的变形系数可以为 1、0.8 或 0.5。如图 6-9。

垂直轴测轴与水平线的夹角可以取垂直,也可以是 30°、45°、60°或 75°。如图 6-10(a)、(b)。

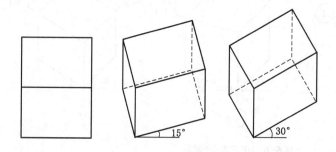

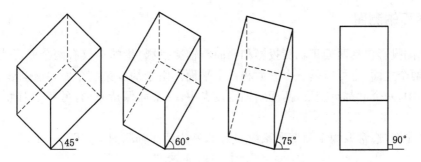

图 6-8 水平斜轴测图倾斜角度的变化

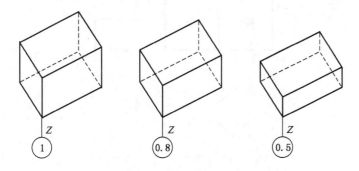

图 6-9 水平斜轴测图轴测轴变形系数的变化

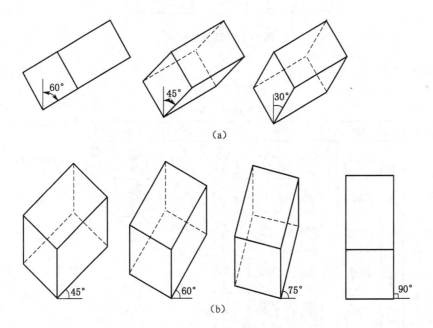

（a）

（b）

图 6-10 水平斜轴测图的变化

6.2.3 两面轴测图

两面轴测投影包括两面正轴测投影和两面斜轴测投影,指的是仅有两个面形成的轴测投影,可以是两个立面,也可以是一个立面和一个平面。由于缺少第三个面,立体感较差。两面正轴测投影中,两个面都有变形;两面斜轴测投影中,一个面保持原形,另一个面可以有变形,也可以没有。

为方便作图,通常取两个面变形系数均为1,称为两面轴测图。如图 6-11。

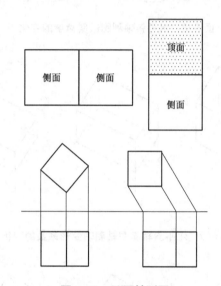

图 6-11 两面轴测图

小结见表 6-2。

表 6-2 小结

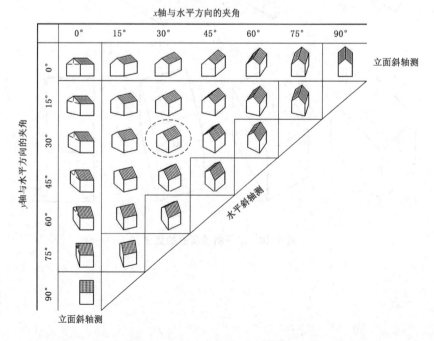

6.3 角度与长度的修正

为了作图方便,三轴的交角通常选用三角板和丁字尺易于组成的角度。若 OX 轴和 OY 轴的交角较大时,看到立方体的顶面较少;若 OX 轴和 OY 轴的交角较小时,看到立方体的顶面较多。

通常绘轴测图时,长、宽、高都采用同一比例,若三轴都用同一比例尺作正立方体的轴测图,则有些角度会使图形变形。为了纠正变形而带来的图形失真现象,可将各轴的长度适当地缩短一些,下列是绘轴测图不同角度各轴的比例(供参考)。如图 6-12。

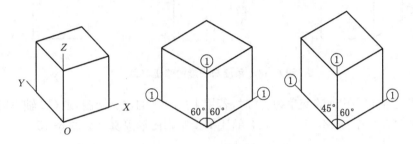

图 6-12 轴测图的绘制

(1) 采用如图 6-13 的角度,若用 $1:1:1$ 绘制,则 OY 轴方向会显得略宽,可采用 $OX:OY:OZ=1:0.8:1$,此时图形逼真。

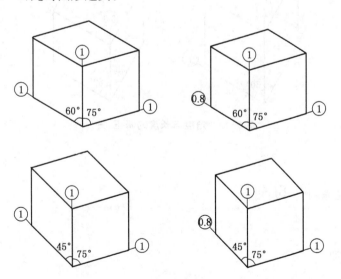

图 6-13 角度与长度的修正(一)

(2) 当 OX 轴和 OZ 轴的交角等于 $90°$ 时,表明投影面与 OX、OY 轴都平行,这种角度若用 $1:1:1$ 的比例绘制,则 OY 轴方向会显得很宽而失真,采用 $OX:OY:OZ=1:0.6(0.5):1$

的比例绘制则图形逼真。如图 6-14。

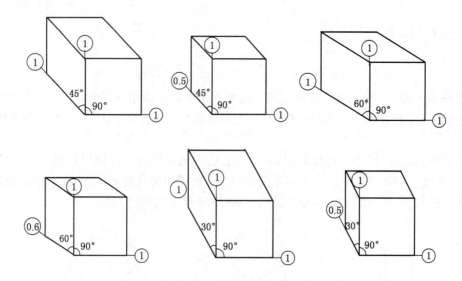

图 6-14　角度与长度的修正（二）

（3）当 OX 轴和 OY 轴的交角为 90°时,若用 1：1：1 的比例绘制,则 OZ 轴方向会显得略高了些,采用 $OX：OY：OZ=1：1：0.8$ 的比例绘制则图形逼真。如图 6-15。

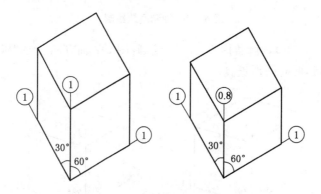

图 6-15　角度与长度的修正（三）

6.4　轴测投影图的画法

6.4.1　作图原则

组成形体的基本元素是点,绘制轴测投影图实质上是画出形体上每一个点的位置,而空间中任何点的位置都可以由空间直角坐标系来确定。因此,只要能将空间直角坐标系所建立的三维空间网格转化为由轴测轴所建立的在二维纸上的空间网格,就能按照点、线、面、体的顺序画出任何形体的轴测投影图。如图 6-16(a)、(b)。

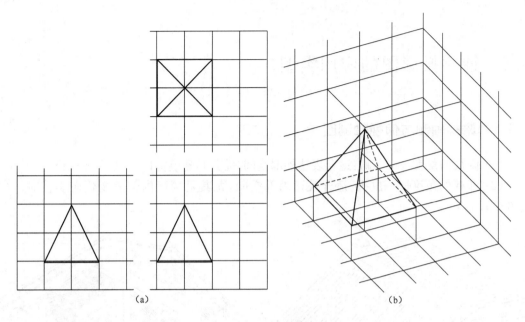

图 6-16　作图原则

6.4.2　具体步骤

（1）建立空间网格：确定 OX、OY、OZ 三个轴的方向和变形系数。

（2）确定点的位置：先确定一个点为原点，再逐一确定物体各个点。

（3）确定直线的方向：①平行于坐标轴的直线，只要确定其上的一点，就可以直接画出与相应轴测轴的平行线，并且根据变形系数直接在其上量取尺寸；②不平行于坐标轴的直线，必须根据空间网格确定其两个端点进行连接才能画出。如图 6-17(a)、(b)。

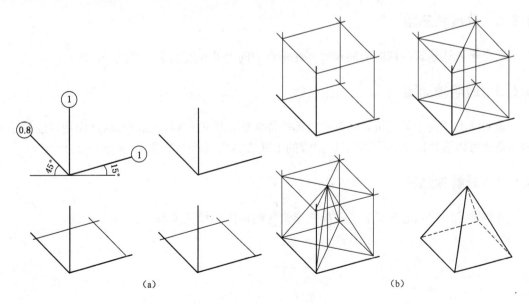

图 6-17　具体步骤

6.5　轴测投影图的应用类型

6.5.1　俯视轴测与仰视轴测图

（1）俯视的角度——鸟瞰：适合表达外部空间，尤其是建筑群体。（如图 6-18）

（2）仰视的角度——虫视：适合表达内部空间，尤其是顶面内部的变化较丰富时。（如图 6-19）

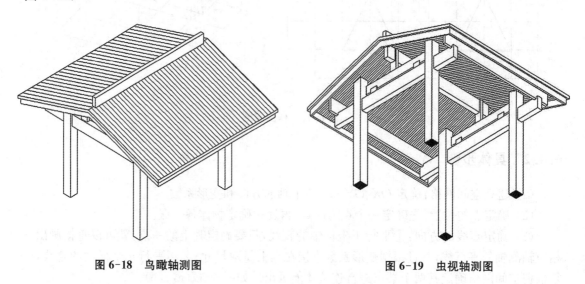

图 6-18　鸟瞰轴测图　　　　　　　　　　　图 6-19　虫视轴测图

6.5.2　分层轴测图

适合于表达建筑内部的空间和实体在垂直方向上的相互联系。（如图 6-20）

6.5.3　透明轴测图

透明轴测图是指将建筑物的某些外部构件当成透明的材料，画成虚线，从而使得建筑物的内部空间可以表达出来，而同时又以虚线的形式表达出其外形轮廓。（如图 6-21）

6.5.4　分解轴测图

分解轴测图特别适合于表达装配式建筑各构件间的相互关系。（如图 6-22）

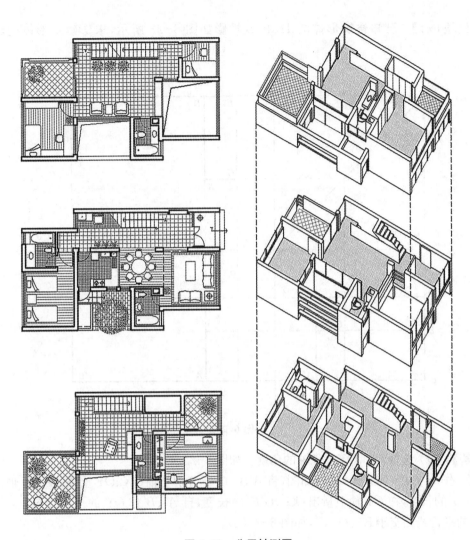

图 6-20　分层轴测图

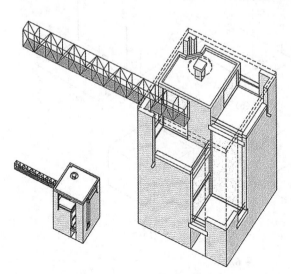

图 6-21　透明轴测图

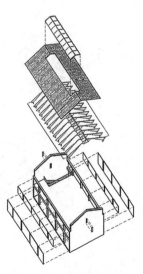

图 6-22　分解轴测图

【例题 6-1】 已知建筑形体的 H、F、S 投影如图 6-23 所示,求作建筑形体的轴测投影图。

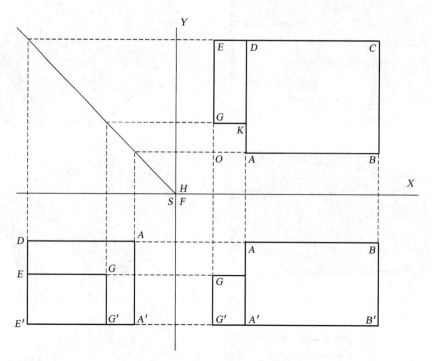

图 6-23

【解】 (1) 选择 OX、OY、OZ 轴的角度。如图 6-24(a)。

(2) 作 H 投影(即平面)的轴测图,将 $A'B'$、$G'E'$ 分别与轴 OX、OY 重叠,在 OX 轴上量出 OA'、$A'B'$ 的长度,在 OY 轴上量出 OG'、$G'E'$ 的长度,自 A'、B' 作 OY 的平行线与自 G'、E' 作 OX 轴的平行线相交于 K'、D'、C',如图 6-24(b)。

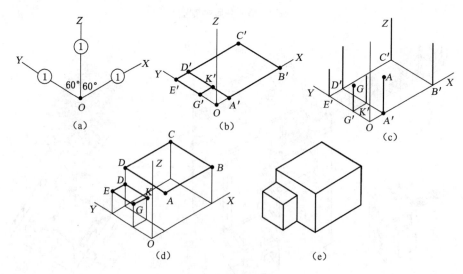

图 6-24

（3）自轴测平面上各直线的交点作垂线，为各垂直面的相交线，量出 AA'、GG' 的高度如图 6-24(c)。

（4）自 A 作直线平行于 $A'B'$，与由 B' 所作的垂线相交于 B；再自 B 作直线平行于 $B'C'$，与由 C' 所作的垂线相交于 C。自 G 作直线平行于 $G'E'$，与自 E' 所作的垂线相交于 E，由此类推即可完成轴测图的外轮廓线。如图 6-24(d)。

（5）加深各线段，并分明各线条的等级，被遮挡部分的线可以不画。但在必要时可用虚线表示。如图 6-24(e)。

【复习思考题】

6.1 什么是轴测投影图？它有什么特点？

6.2 轴测投影图有几种分类？分别适用于什么情况？

6.3 已知建筑形体的 H、F 投影（如图 6-25 所示），求作建筑形体的轴测投影图。

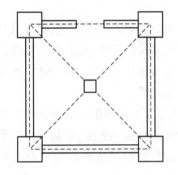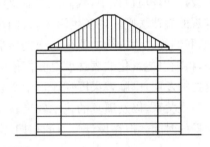

图 6-25

【本章小结】

用平行投影法将物体连同确定该物体的直角坐标系一起沿不平行于任一坐标平面的方向投射到一个投影面上，所得到的图形，称为轴测图。

轴测投影属于单面平行投影，它能同时反映立体的正面、侧面和水平面的形状，因而立体感较强，常用作辅助图样。

制图中一般采用正投影法绘制物体的投影图，即多面正投影图。它能完整、准确地反映物体的形状和大小，且作图简单，但立体感不强，只有具备一定读图能力的人才看得懂，因此还需采用一种立体感较强的图来表达物体，即轴测图。轴测图是用轴测投影的方法画出来的富有立体感的图形，它接近人们的视觉习惯，但不能确切地反映物体真实的形状和大小，并且作图较复杂，因而，它作为辅助图样，是用来帮助人们读懂正投影视图的。

在绘图教学中，轴测图也是发展空间构思能力的手段之一。通过画轴测图可以帮助人们想象物体的形状，培养空间想象能力。

7

透视图基本画法

导论

在建筑设计和环境设计中,我们经常需要用绘图的方法来表达设计主体,在具体绘制细节上应遵循客观的规律法则。现实生活中,人们在观察物体时由于视角的不同,物体产生大小及形态的变化,我们称之为透视的原理。根据科学的透视原理绘制而成的图像才能准确地体现物体的形态,再辅以艺术化的表达就是我们俗称的效果图了。

随着科技的发展,电脑效果图在设计中所起作用更大,通过简单的模型制作和渲染就可以得到准确的透视关系,以及逼真的艺术效果。相较于传统手绘效果图,电脑效果图为我们的设计节省了大量的时间。但在设计学习的初期,掌握准确的透视关系和画法依旧是不可缺少的环节。

【教学目标】 了解透视的基础知识及其常用术语,理解透视制图的基本原理,可以在给出具体透视条件的情况下进行简单的数据推理。掌握建筑及建筑工程需要的透视制图方法,并可进行简单的透视图像绘制。培养学生精确数据求导的分析能力以及处理细节的运算能力。

【教学重点】 透视原理分析、点的透视、线的透视、一点透视作图方法。

【教学难点】 圆的透视画法,绘图透视类型选择。

7.1 透视图基础

7.1.1 透视的常用术语

(1)视平线——与人眼等高的一条水平线,标识为 HL。

(2)视点——人眼睛所在的位置,标识为 S。(图7-1)

(3)视线——物体任意位置与视点之间的连线,标识为 LS。

(4)视角——视点与视线所形成的夹角,标识为 VA。

(5)灭点——透视的假想消失点,在不同的透视种类中存在一个或多个灭点,标识为 VP。(图7-2)

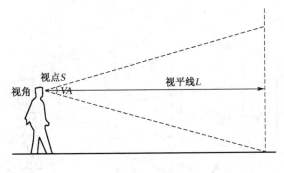

图 7-1 视点

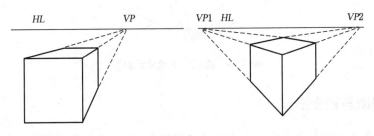

图 7-2 灭点

（6）俯视——物体在视平线以下时，从视点朝下看物体称之为俯视，大型规划鸟瞰图属于此类视图。

（7）仰视——物体在视平线以上时，从视点朝上看物体称之为仰视。

7.1.2 透视投影作图的常用术语

（1）画面——垂直于地面，平行于观者。标识为 V。

（2）基面——物体放置的平面。标识为 G。

（3）基线——画面与基面的交线。标识为 OX。

（4）站点——视角的站立点。标识为 s。

（5）心点——视线在画面上的投影点。标识为 s'。

（6）视高——视点距离基面的高度。标识为 Ss。

（7）视距——视点与心点之间的距离。标识为 Ss'。

分析：假设空间中有一点 A，将视点 S 与 A 相连，连线通过画面 V 的交点 A'，即为 A 点在空间中的透视投影（简称 A 点的透视），A 点在基面 G 上的投影 a 的透视 a'，称为 A 点的次透视。（图 7-3）

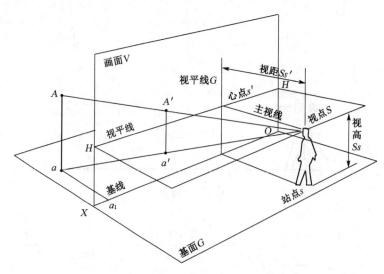

图 7-3　透视常用术语示意图

7.1.3　透视图与轴测图

透视图与轴测图都能表现出一个物体的三维形象,但两者有很大区别。轴测图按照预定角度表现物体进深,因为每条边都是真实还原,所以轴测图中的正方体每个面大小完全一致,每条边都相等(图 7-4(a))。而在透视图中则完全不一样,透视图通过物体的延长线交于灭点表达进深,表现人眼中的近大远小关系,是一种无法准确测量的视觉错觉。因此,在相同的立方体表现上呈现出顶面小于侧面的对比关系,竖向上前面的边长于后面的边。(图 7-4(b))。

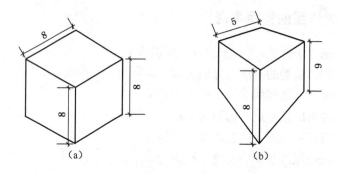

图 7-4　透视图与轴测图的区别

7.2　点、直线、平面的透视基本作图法

7.2.1　点的透视画法

空间中的点与视点的连线与画面交于一点即为点的透视。如图 7-5(a)所示,空间点 A 在

画面V上的透视,就是自视点S向点A引的视线SA与画面V的交点A'。求作点的透视,可用正投影的方法绘制。将相互垂直的画面V和基面H看成二面体系中的两个投影面,分别将视点S和空间点A正投射到画面V和基面H上,然后再将两个平面拆开摊平在同一张图纸上,依习惯V在上,H在下,使两个平面对齐放置并去掉边框。

具体作图步骤如图7-5(b)所示:

(1) 在H面上连接sa,sa即为视线SA在H上的基投影。

(2) 在V面上分别连接$s'a'$和$s'a'_x$,它们分别是视线SA和Sa在V面上的正投影。

(3) 过sa与ox轴的交点a_2向上引铅垂线,分别交$s'a'_x$和$s'a'$于a_1和A',即为空间点A在画面V上的基透视和透视。

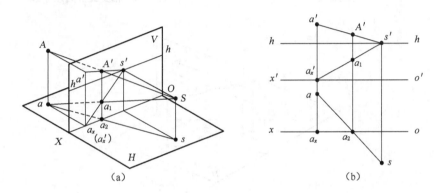

图7-5 点的透视画法

7.2.2 线的透视

直线的透视,一般仍是直线。当直线通过视点时,其透视为一点;当直线在画面上时,其透视即为自身。

如图7-6所示,AB为一般位置直线,其透视位置由两个端点A、B的透视A_1和B_1确定。A_1B_1也可以看成是过直线AB的视平面SAB与画面V的交线。AB上的每一个点(如C点)的透视(C_1)都在A_1B_1上。

直线相对于画面有两种不同的位置:一种是与画面相交的,称为画面相交线;一种是与画面平行的,称为画面平行线。它们的透视特性也不一样。

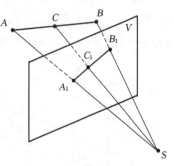

图7-6 线的透视画法

1)画面相交线的透视特征

如图7-7所示,直线AB交画面于N点,点N称为直线AB的画面迹点,其透视就是它自身。自视线S作SF_1平行于直线AB,交画面V于F点,点F就是AB直线的灭点,它是直线AB上无限远点F_1的透视。连线NF就是直线AB的全透视或透视方向。

如果画面相交线是水平线,其灭点一定在视平线上,如图7-8所示。当直线垂直于画面时,其灭点就是心点。

如果画面相交线相互平行,其透视会重合于一点,即有共同的灭点F,如图7-9所示,AB和CD平行,其迹点分别为N和M,其全透视分别为NF和MF,F为灭点。

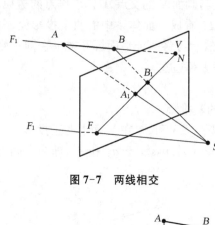

图7-7 两线相交

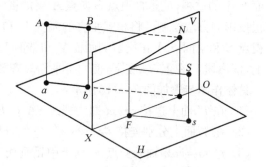

图7-8 相交线互为水平线

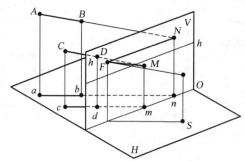

图7-9 相交线相互平行

2）画面平行线的透视特性

画面平行线的透视和直线本身平行，相互平行的画面平行线，它们的透视仍然平行。如图7-10所示，直线AB与画面V平行，其透视A_1B_1平行于直线AB本身。由直线的画面迹点和灭点的定义可知，直线AB在画面V上既没有迹点，也没有灭点。

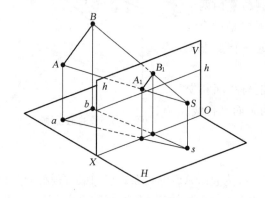

图7-10 平行线透视特性

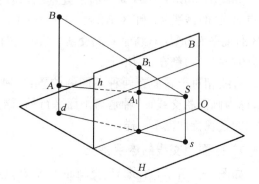

图7-11 铅垂线透视特性

如图7-11所示，直线AB为平行于画面V，同时又垂直于基面H的铅垂线，其透视A_1B_1仍为铅垂线。

【例题7-1】 如图7-12(a)所示，求直线AB的透视和基透视图。

【解】 这是一个与画面相交的一般位置直线，其透视既有迹点，也有灭点，作图步骤如

图 7-12(b)所示。

(1) 确定直线的迹点 N 和灭点 F,以确定直线的透视方向。

(2) 在基面 H 上用视线交点法确定 A、B 的透视位置 a_1、b_1,一般称为透视长度。

(3) 过 a_1、b_1 向上作铅垂线交 $s'a'_x$ 和 $s'a'$ 于 a_2,A_1,交 $s'b'_x$ 和 $s'b'$ 于 b_2,B_1。

(4) 连接 A_1B_1 和 a_2b_2,即为直线 AB 的透视和基透视。

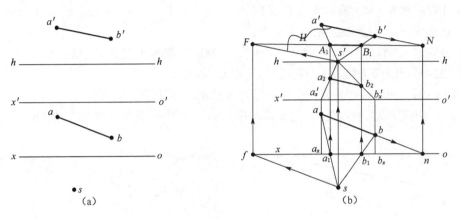

图 7-12

7.2.3　平面的透视

平面图形的透视,仍然是平面图形,只有当平面通过视点时,其透视成为直线。绘制平面图形的透视图,实际就是求作组成平面图形的每条边的透视。

图 7-13 为基面上一个平面图形的绘制举例,为了节省图幅,由于站点 S 离画面较远,这里将 H 面和 V 面重叠在了一起,这样使 H 面稍偏上方。作图步骤如下所述。

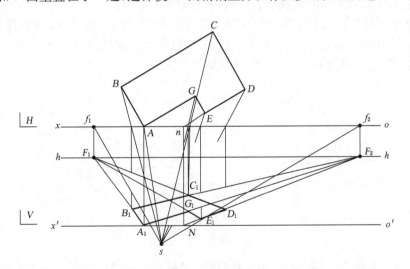

图 7-13　平面的透视

首先在基面 H 上作图:

(1) 过站点 s 作直线 AB、BC 的平行线,分别交基线 ox 于 f_1 和 f_2。

（2）过站点 s 向平面图形的各个端点 A、B、C、D、E、G 作垂线，与基线 ox 得到一系列的交点。

（3）延长直线 DE 交基线 ox 于 n。

（4）过基线 ox 上一系列的交点向下作铅垂线。

其次在画面 V 上作图：

（1）在视平线 h—h 上确定灭点 F_1 和 F_2。

（2）在基线 $o'x'$ 上确定迹点 $A(A_1)$、N。

（3）分别过 $A(A_1)$、N 向 F_1 和 F_2 作连线，与相应的铅垂线交于 B_1、E_1、D_1。

（4）根据平行线的透视共灭点的特性，作出 C_1 和 G_1。

【例题 7-2】 图 7-14(a)为一已知矩形的透视，求如何将其四等分。

【解】 利用矩形对角线的交点是矩形的中点的知识解决，其结果如图 7-14(b)所示。

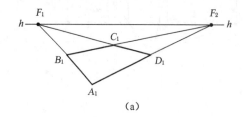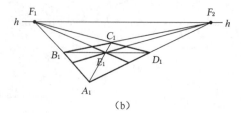

(a)   (b)

图 7-14

（1）连接矩形 $A_1B_1C_1D_1$ 的对角线，交于 E_1。

（2）过 E_1 分别向 F_1 和 F_2 作连线，并反向延长与矩形的边相交。

图 7-15(a)所示是将一个矩形沿长度方向三等分的方法：在铅垂边线 A_1B_1 上，以适当的长度自 A_1 量取 3 个等分点 1、2、3，连线 $1F$、$2F$ 与 A_1、3、4、D_1 形成的矩形的对角线交于点 5、6，过点 5、6 作铅垂线，即将矩形沿纵向分割为全等的 3 个矩形。

图 7-15(b)所示是将一个矩形沿长度方向按比例分割的作法：直接将铅垂边线 A_1B_1 划分为 2∶1∶3 三个比例线段，然后过各分割点向 F 作连线，再过这些连线与对角线 B_1D_1 的交点作铅垂线，就把矩形沿纵向分割为 2∶1∶3 三块。

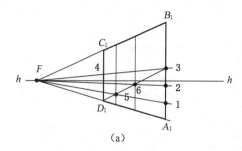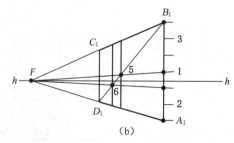

（a）   （b）

图 7-15

图 7-16 所示是作连续等大的矩形。其中图 7-16(a)是利用中线 $E'G'$ 和对角线过中点的原理作出的；而图 7-16(b)则是利用连线排列的矩形的对角线相互平行，其透视共一个灭点（F_0）的原理作出的。

图 7-17 所示为对称图形的作图方法，主要也是利用对角线来解决的。

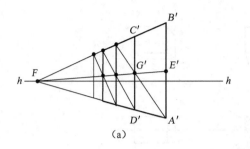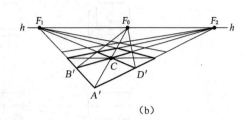

图 7-16

其中,图 7-17(a)为已知透视矩形 $A_1B_1C_1D_1$ 和 $C_1D_1G_1E_1$,求作与 $ABCD$ 相对称的矩形。作法:首先作出矩形 $C_1D_1G_1E_1$ 对角线的交点 K_1,连线 A_1K_1 与 B_1F 交于 P_1,再过 P_1 作铅垂线 P_1L_1,则矩形 $E_1G_1L_1P_1$ 就是与 $A_1B_1C_1D_1$ 相对称的矩形。

图 7-17(b)是作宽窄相间的连线矩形,读者可自己分析其步骤和原理。

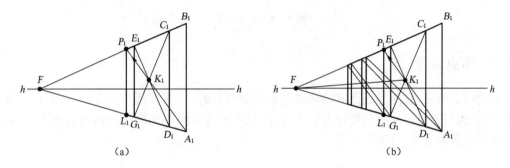

图 7-17

7.3 透视的种类

7.3.1 一点透视

一点透视是指当画面和物体的主要立面平行时,物体有两个主方向(一般是长度和高度方向)因平行于画面而没有灭点,只有一个主方向有灭点(即为心点),所以一点透视也称为平行透视。(图 7-18)

一点透视图比较适合近距离地表达室内效果,如客厅、卧室、中型餐厅、酒吧等。

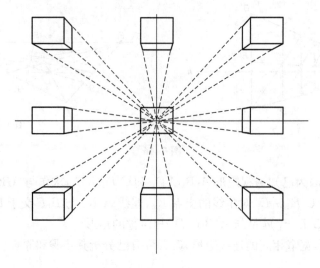

图 7-18   一点透视

7.3.2   两点透视

所谓两点透视,就是当画面和物体的主要立面倾斜时,物体有两个主方向(一般是长度和宽度方向)因与画面相交成角度而有两个灭点,只有高度方向与画面平行而没有灭点,所以两点透视即为成角透视。(图 7-19)

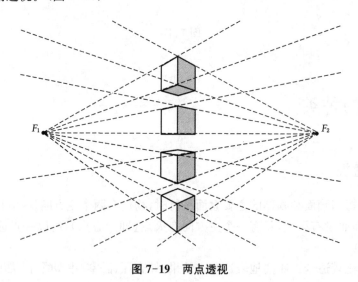

图 7-19   两点透视

【例题 7-3】   如图 7-20 所示,已知房屋模型的平面图和侧立面图,试作其两点透视图。

【解】   这里的画面、站点、视角和视高等也假设是已知的,只介绍其作图步骤如下:

(1) 确定长(X)、宽(Y)两个主方向的透视灭点 F_x 和 F_y。过站点 s 分别作长、宽方向墙线的平行线,交基线 ox 于 f_x 和 f_y,再过 f_x 和 f_y 作铅垂线交视平线 $h—h$ 于 F_x 和 F_y。

(2) 视线交点法作各轮廓线的透视位置和方向,其中墙线 Aa 在画面上,其透视 A_1a_1 就是其本身。

（3）作屋脊线的真高线。在平面图上延长屋脊线交基线 ox 于 n，n 即为屋脊线迹点的 H 面投影，在画面上反映真高为 N，Nn_1 即为屋脊线的真高线。

（4）作斜坡屋面的投影。屋面斜线和山墙在一铅垂面上，所以它的灭点 F_l 和 F_y 在一铅垂线上，根据平行线的透视共灭点的原理，作出另一条斜线的透视。

（5）加深透视轮廓线，完成全图。

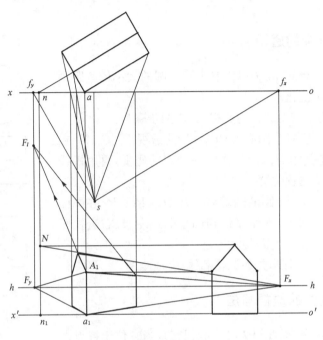

图 7-20

7.3.3 三点透视

三点透视又称为倾斜透视，通常指在画面中看到物体两个侧面的情况下，物体侧面边界线互相不平行，会朝上或者朝下聚拢于第三个灭点。图 7-21(a)和图 7-21(b)中的三点透视常用于表现建筑物的宏伟外观。

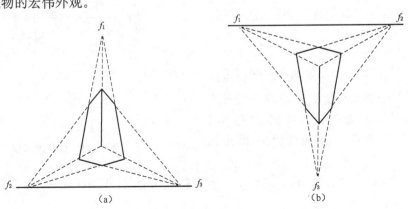

（a）　　（b）

图 7-21　三点透视

7.4 圆的透视画法

根据圆平面和画面相对位置的不同,圆和椭圆两种情况是圆的透视。当圆平面和画面相交时,其透视为椭圆。

7.4.1 画面平行圆的透视

圆平面和画面平行时,其透视仍然为圆。圆的大小依其距画面远近的不同而产生变化。

图 7-22 所示为带切口圆柱的透视,其作图步骤为:

(1) 确定前、中、后三个圆心 C_1、C_2、C_3 的透视 C_4、C_5、C_6 在画面上,其透视就是其本身;过 C_4 作圆柱轴线的透视,再用视线交点法求作 C_5、C_6 的透视位置。

(2) 确定前、中、后三个圆的透视半径 R_1、R_2、R_3。R_1 在画面上,其透视反映实长;过 C_5 作水平线与圆柱的最左、最右透视轮廓线相交,得到 R_2。同理可得 C_6。

(3) 作前后圆的共切线,并加深轮廓线,完成全图。

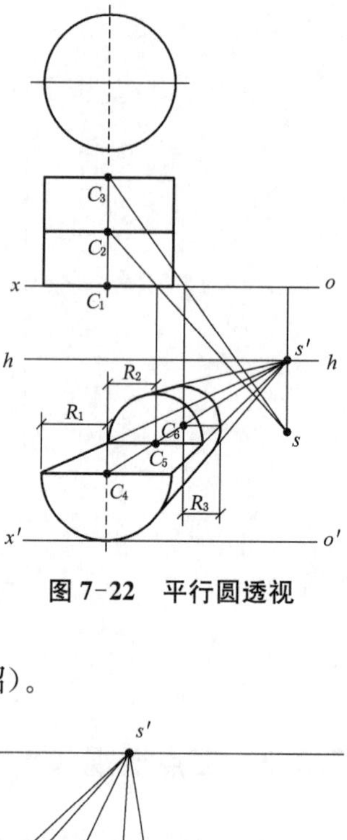

7.4.2 画面相交圆的透视画法

圆平面和画面相交(垂直相交或一般相交),当它位于视点之前时,其透视为椭圆;否则,还可能是抛物线或双曲线(对此不做介绍)。

透视椭圆的画法通常采用八点法。图 7-23 所示为画面相交圆的透视画法,其作图步骤如下:

(1) 作圆的外切正方形 $ABDE$ 的透视 $A_1B_1D_1E_1$。

(2) 作对角线以确定透视椭圆的中心 C_0 和四个切点 1_A、2_A、3_A、4_A。

(3) 作圆周与对角线的交点 5、6、7、8 的透视 5_A、6_A、7_A、8_A。不在同一对角线上两交点的连线 67 和 58,必然平行于正方形的一组对边 AE 和 BD,并与 AB 相交于 9、10 两点;过 9_A、10_A 向心点 S_0 引直线,与对角线相交,就得到 5_A、6_A、7_A、8_A。

(4) 光滑连接 1_A、2_A、3_A、4_A、5_A、6_A、7_A、8_A 这 D 八个点,并加深轮廓线,即得到相应的透视椭圆。

图 7-22 平行圆透视

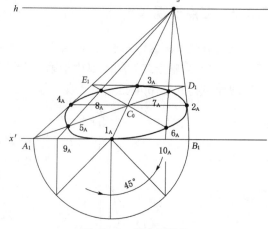

图 7-23 相交圆透视

7.5 透视种类与画面位置的选择

7.5.1 透视种类的选择

在绘制一幅透视效果图之前要先进行透视种类的选择。一般来说,对于狭长的街道、宴会大厅、道路及室内需要表达纵向深度的建筑物,宜选择一点透视;而对于纵、横方向均需要以显示宏伟的建筑物和场景的表达,宜选择两点透视。相对而言,一点透视显得比较庄重,沉稳厚重但是活力不足;两点透视则反之。

7.5.2 画面位置、视点的选择

同样一种透视,还因为画面、视角和视高的不同而差别很大,所以在确定透视种类以后,还必须协调好建筑、视点和画面之间的位置关系,以求达到令人满意的效果。

1）画面位置的选择

视点与建筑物前后位置的不同,影响着透视图的大小;视点与建筑物左右位置（夹角）的变化,影响着透视图侧重面的不同。为使表达的对象比较真实,一般将建筑物放置在画面的远处,同时考虑作图的便捷性,还需使建筑物的一些主要轮廓线全部呈现在画面上,以使其透视反映真实高度或长度。

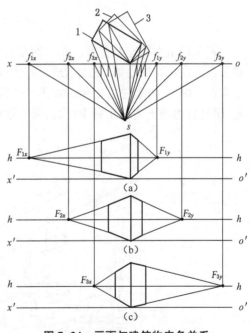

具体来说,对于一点透视,画面宜平行于造型工艺繁杂、起主要作用的墙面;而对于两点透视,则画面与建筑物的主要立面所成角度要尽量减少,以便尽可能多地表达此立面的内容。

图 7-24 为在站点不变的情况下,画面与建筑物夹角的不同对表达效果的影响。其中建筑物 1 的主立面和画面的夹角较小,其透视反映的较多,两个不同主方向立面的透视比例比较协调,如图 7-24(a)所示,效果较好;建筑物 2 的两个不同主方向的立面和画面的夹角相等,其透视比例和实际比例不匹配,如图 7-24(b)所示,效果不理想;建筑物 3 的主立面和画面的夹角与建筑物 1 刚好相反,其透视如图 7-24(c)所示,效果最差。

图 7-24 画面与建筑物夹角关系

2）站点、视角以及视高选择

首先是站点的前后位置。站点的前后位置影响着视角的大小。如果站点离画面太近,势必使最左、最右视线之间的夹角——视角过大,而使两边的透视失真。一般室外透视理想的视角在

28°～30°，即人眼睛观察物体最清晰的视锥角度。对于表达室内大场景的一点透视，视角可以在45°～60°范围内。图7-25是为了节约图纸的幅面，视角达到了90°，因此卡座显得失真了。

图7-25　视角失真效果

其次是站点的左右位置。站点的左右位置影响着透视表达的侧重面。一般来说，如果想侧重表达建筑物的左侧，站点就适当右移；同理，如果想使右侧成为重点，站点就适当左移；而站点在正中央，即是左右平衡。如图7-26，考虑到吧台、吊灯、椅子和背景墙等偏于房间的右侧，而且右边墙上还有小餐桌组合，所以使得右边成为表达的重点，这样，站点就适当左移。但

图7-26　视角正常效果

是必须注意:主视线(即垂直于画面的视线)要在视角之间,而且尽量平分视角,才能使得表达效果较好。

7.6 透视作图的一般手绘表达

在手绘表达的透视图绘制过程中,因为时间仓促,有时很难按照制图课的流程进行细致的逻辑推理,这个时候需要根据掌握的原理和自己的绘画基础进行表达。其具体过程可以理解为透视作图法的简化版,我们首先会在画图中确定一个或者多个灭点,然后根据需求确定视平线,能否采取美观的构图是成功手绘的关键,然后再进行各部分细节的绘制。

下面以一点透视室内效果图手绘画法为例为大家再次进行演示。

现在以真宽 5 m、真高 3 m、进深 5 m 的空间为例作图,如图 7-27。

第一步:以真实高度和真实宽度尺寸按比例1∶100 绘制 $ABCD$,自由确定视平线高度和灭点 V,再从灭点连接 A、B、C、D,同时把 AB 五等分,在 AB 延长线上绘制 $a \sim d$ 每份 1 cm,为下一步作地格、天格做准备,如图 7-28。

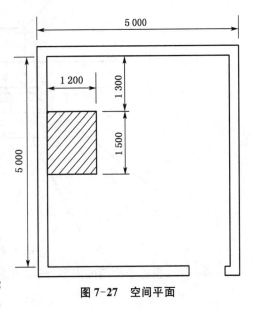

图 7-27 空间平面

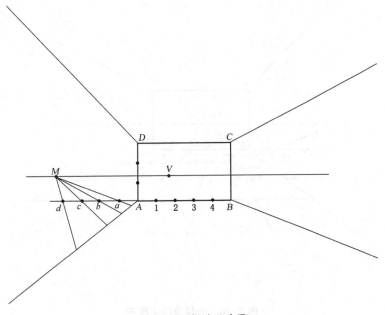

图 7-28 透视演示步骤一

第二步：从进深测量点 M 分别向 AB 延长线各点连线,作地格分隔,如图 7-29。

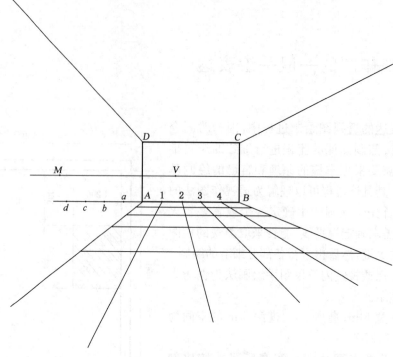

图 7-29 透视演示步骤二

第三步：根据平面图的内容,画出方形在地面上的具体投影位置,如图 7-30。

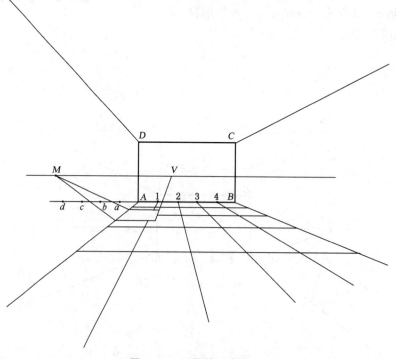

图 7-30 透视演示步骤三

第四步:把地面上的方形投影向上拉伸至具体高度,并进行细节绘制,同理绘制出场景中的其他部分,如图 7-31。

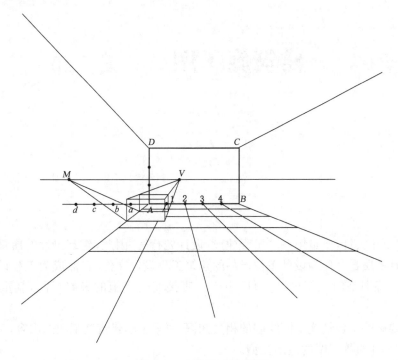

图 7-31　透视演示步骤四

【复习思考题】

已知某房间的平面图和剖面图,作其室内一点透视图。

【本章小结】

本章的目标是掌握建筑制图透视法则的各种基本术语和原理,通过对制图透视的研究,掌握基本的透视画图规律与方法。

1. 掌握视平线、视线、视角、灭点、俯视、仰视等透视的基本术语,熟悉各种透视的相关知识,为后续透视画图打下基础。

2. 掌握透视图与轴测图的区别,并能通过图例准确地区分两种视图,为以后透视制图原理的学习提供先导认识。

3. 掌握点的透视画法。区别于平面中点的关系要素,在立体空间中点的概念由不同的轴向以及透视关系确定,了解在求导透视关系中点的位置时需要注意的原理。

4. 掌握线的透视画法。明白直线透视的原理,可以通过简单的求导关系在点的透视画法基础上进行延伸,得到线的透视。

5. 掌握面的透视画法,明白面的透视与点透视和线透视之间的关系与区别。

6. 理解透视的具体分类,分别掌握一点透视和两点透视的特征,并能够根据其原理进行简单的透视图绘制,知道在不同的场景和设定条件下透视关系应该如何选择,并进行绘制。

7. 熟悉建筑及室内环节手绘表达透视关系,明白如何运用设计制图透视原理进行简单的草图绘制。

8

建筑施工图

导论

常言说"百年大计,质量第一""工程建设,设计先行"。因此,建筑工程的质量首先取决于建筑工程设计的质量。作为设计单位产品的建筑工程设计文件,自然成为工程设计质量优劣的具体表现。特别是施工图设计文件,由于是直接交付实施的最终成品,其重要性更不言而喻。

本章主要讲解了建筑施工图绘制的相关知识,要求了解建筑施工图的内容,掌握建筑施工图的画法,理解建筑施工图的应用类型。

【教学目标】 掌握建筑工程设计阶段的划分。

【教学重点】 根据设计方案绘制建筑施工图。

【教学难点】 熟练掌握建筑施工图的相关知识。

8.1 概述

随着经济建设的高速发展和人民生活水平的日益提高,我国建筑业的产值已占 GDP 总值的 20% 以上,其中民用建筑(居住和公共建筑)工程占该值的 80% 左右,并以每年近 20% 的速度持续增长。显然,建筑业已成为我国国民经济"举足轻重、影响广泛"的支柱产业。

8.1.1 建筑工程设计阶段的划分

建筑工程是一项复杂的系统工程,从立项到建成不可能一蹴而就。为此,根据《建筑工程设计文件编制深度规定》(2016),建筑工程设计一般分为方案设计、初步设计、施工图设计三个阶段(表 8-1)。大型基础设施、复杂工业项目等工程在方案设计之前通常进行可行性研究,并在初步设计和施工图设计之间增加扩大初步设计或招投标设计阶段。三个阶段的设计性质、服务对象和深度要求各有不同,见表 8-2。

表 8-1 建筑工程设计阶段的划分

建筑工程设计	方案设计阶段	
	初步设计阶段	
	施工图设计阶段	建筑施工图
		总平面施工图
		结构施工图
		给排水施工图
		暖通施工图
		电气施工图
		动力施工图
		工程预算书

表 8-2 建筑工程设计三个阶段的不同要求

阶段	设计性质	服务对象	深度要求
方案设计	建筑方案的宏观定性	业主、主要审批部门	可供编制初步设计文件
初步设计	各专业方案的宏观定性与定量	业主、审批部门	可供编制施工图设计文件
施工图设计	各专业工程实施的微观定性与定量	业主、审批部门、土建施工及分包单位	可供土建施工、设备材料采购、非标准设备制作

由表 8-1、表 8-2 可以看出:

(1) 建筑工程设计阶段的划分,实质是从宏观到微观、从定性到定量、从决策到实施逐步深化的过程。

(2) 依据各阶段不同的服务对象和深度要求,相应设计文件的编制内容和表达形式也各异。

8.1.2 建筑工程设计文件的质量特性

前已述及,建筑工程的质量首先取决于工程设计文件的质量。为此,住房及城乡建设部在《民用建筑工程设计文件质量特性和质量评定实施细则》中规定设计文件应符合下列五项要求:

(1) 满足切实合理的需要、用途和目的。

(2) 满足顾客的期望与受益者的要求。

(3) 符合适用的标准和规定。

(4) 符合社会要求。

(5) 及时提供完整合格的设计文件。

上述质量要求结合建筑工程设计的具体实践和特点转化为下列质量特性,以便对设计文件进行定性和定量的控制与评定。以施工图设计文件为例,其质量特性如下:

(1) 功能性:通常包括建筑工程的用途、规模及相应的各种指标要求,还包括建筑美学及环境景观的要求。

(2) 安全性:各专业设计文件中的设计和计算必须正确无误,营造和构造做法合理可靠。有关安全性内容的描述和表达必须具体、确切、完整、清楚,以满足确保安全方面的要求。

(3) 经济性:工程预算应控制在批准的初步设计概算总投资以内,否则应认真分析和说明原因,并必须控制在规定的可调整幅度(一般为 5%)之内。

(4) 可信性:指建筑工程的可用性、可靠性、维修性和维修保障性所作的综合性的定性描述。即应充分反映建筑工程竣工后投入使用的可信性程度。

(5) 可实施性:各专业设计文件必须符合《建筑工程设计文件编制深度规定》(2016)的要求。同时,各专业设计文件的内容必须协调一致、配套齐全,而且要确保图纸质量良好,没有影响施工安装进度和造成经济损失的错、漏、碰、缺现象。

(6) 适应性:指建筑工程适应外界环境变化的能力。

(7) 时间性:各专业设计文件(包括设计变更或补充文件)应按合同规定按时提供给顾客。

8.1.3　施工图设计简述

在建筑设计市场竞争激烈的今天,建筑方案能否胜人一筹,固然是设计单位取得设计权的关键,但施工图设计的能力和质量,同样是衡量设计单位整体水平的主要因素。

1) 施工图设计的服务对象

施工图设计对建筑师而言,是将自己的构思细化的创作过程。但在设计单位已经企业化的今天,从市场运作的角度来看,则是技术产品的生产过程。因此,建筑师必须作为生产者和经营者,明确知道顾客是谁,并且深知他们的需求何在,才能产销对路、开拓市场,换取最大的回报。

施工图设计主要服务于下列三组顾客群:

(1) 业主(建设单位)。施工图是其组织建造、使用(或销售)、维修或改建该工程的依据。

(2) 审批部门。主要是规划、施工图审查、消防、人防、节能、环保等主管机构,他们要求施工图中要简明地表达相关设计的依据、数据和措施,以便其审批是否符合相应法规、规范和标准。

(3) 土建施工和分包单位。施工图是土建施工、相关材料和成品设备采购,以及非标准设备制作的依据,并要求具有良好的可实施性。

2) 施工图设计

当前,有些建筑师只热衷于方案设计,视施工图设计为雕虫小技,难以展现自己的才华。这种片面认识,主要是由于对施工图设计的下述特点缺乏了解所致。

(1) 施工图设计的严肃性

施工图是设计单位最终的技术产品,是进行建筑施工的依据,设计单位对建设项目建成后的质量及效果负有相应的技术与法律责任。因此,常说必须按图施工,未经原设计单位的同意,任何人和任何部门不得擅自修改施工图纸。经协商或要求后,同意修改的,也应由原设计单位编制补充设计文件,如变更通知单、变更图、修改图等,与原施工图一起形成完整的施工图设计文件,并应归档备查。

即便是在建筑物竣工投入使用后,施工图也是对该建筑进行维修、改建、扩建的基础资料,特别是一旦发生质量或使用事故,施工图是判断法律责任的主要根据。因此,《中华人民共和国建筑法》第五十六条中规定:设计文件应当符合有关法律、行政法规的规定和建筑工程质量、安全标准、建筑工程勘察、设计技术规范以及合同的约定。设计文件选用的建筑材料、建筑构配件和设备,应当注明其规格、型号、性能等技术指标,其质量要求必须符合国家规定的标准。

(2) 施工图设计的承前性

建筑工程设计分为方案设计、初步设计和施工图设计三个阶段。如前所述,其实质可以认为是从宏观到微观、从定性到定量、从决策到实施逐步深化的过程。后者是前者的延续,前者是后者的依据。就施工图设计而论,必须以方案与初步设计为依据,忠实于既定的基本构思和设计原则。如有重大修改变化时,应对施工草图进行审定确认或者调整初步设计,甚至重做再审。

由此可见,建筑师只有参与施工图设计,通过本专业和其他专业间反复推敲、协调的量化过程,才能深化、修正、完善最初的建筑构思。也即首先确保施工图设计不变形,才能使建筑竣工后不走样。

(3) 施工图设计的复杂性

就一般民用建筑而言,如果说建筑方案的优劣,主要取决于建筑师构思的水平,那么,建筑施工图的优劣,不仅取决于能否处理好建筑专业本身的技术问题,同时更取决于各专业之间的配合协作。诚然,建筑专业在施工图设计阶段仍处于龙头地位,因为建筑的总体布局、平面构成、空间处理、立面造型、色彩用料、细部构造,以及功能、防火、节能等关键设计内容依旧要在建筑工种的施工图内表达,并成为其他专业设计的基础资料。但是,建筑师也要根据其他专业的要求,修正、完善自己的施工图纸。同理,其他专业之间也存在着彼此要求和反要求的技术配合问题。因为本专业认为最合理的设计措施,对另一专业或其他几个专业,都可能造成技术上的不合理甚至不可行。

所以,必须通过各专业之间反复磋商、磨合,才能形成一套诸多技术都比较合理、可靠、经济且施工方便的设计图纸,以保证建成后的建筑物,在安全、适用、经济、美观等各方面均得到业主乃至社会的认可与好评。

(4) 施工图设计的精确性

前已述及,作为建筑工程设计最后阶段的施工图设计,是从事相对微观、定量和实施性的设计。如果说建筑方案和初步设计的重心在于确定想做什么,那么施工图设计的重心则在于如何做。因此,施工图设计犹如先在纸上盖房子,必须处处有依据,件件有交代。仅以建筑专业施工图为例,平面图不仅要表示各房间的布局,还必须确定房间的位置和尺寸,墙体的定位、厚度与材料;门窗的位置、形式、大小。同样,立面图也不仅是画出门窗、台阶、雨篷、檐口、线脚的位置和形状,还要进一步用墙身大样和详图节点交代具体细部的构造、材料和尺寸,以及与结构、设备构配件的关系。其中有标准图的可以引用,没有的必须画出来,需其他行业另行设计、制作的也要提出相关要求。除了图纸之外,还要用设计说明、工程做法、门窗表等文字和表格,系统交代有关配件、用料和注意事项。而上述种种之最终目的,在于指导施工和方便施工。由此可以断言:逻辑不清、交代不详、错漏百出的施工图,必将导致施工费时费力,设计修改,频繁返工,某些专业的设计无法合理使用或留下隐患,经济上造成浪费或损失,建成后自然难以达到建筑师的初衷与构想,也无法达到业主的期望。

（5）施工图设计的逻辑性

施工图的内容庞杂，而且要求交代详细，图纸数量必然较多。因此，图纸的编排需要有较强的逻辑性，并已基本形成了约定俗成的编制框架和表达模式，而此点也正是本书力图阐明的基本内容。其目的不仅是便于设计者就本专业和其他专业之间的技术问题进行按部就班、系统地思考和绘图，更重要的是便于施工图的主要服务对象——施工者看图与实施，以避免施工错漏，确保工程质量。

8.1.4　建筑施工图表达

1）建筑施工图的内容与表达

（1）建筑施工图的内容：主要是指为满足使用和建造要求而采用的技术措施，并应符合相关设计规范的规定。如建筑物的平面构成、立面造型、剖面处理、构造做法，以及建筑防火、防水、节能、人防、环保、安防和无障碍设计等。

（2）建筑施工图的表达：依据相关的深度规定、制图标准、逻辑模式，正确表达上述建筑施工图的内容，主要使土建施工和设备制作者、安装者、审查和监理者易于理解和实施。

建筑施工图的实质是将建筑师的三维设计构思转译为二维的图纸表达，供阅图者再转译复原为设计的三维空间形象。因此，作为中介载体，建筑施工图质量的重要性自然不言而喻。经验表明：尽管建筑施工图的内容因建筑项目类别的不同而千差万别，但建筑施工图的表达还是"有法有式"的，关键在于掌握其逻辑模式，即可无论简繁，均能举一反三，完整、准确、清楚地反映设计意图。

2）建筑施工图表达的依据

（1）深度规定

《建筑工程设计文件编制深度规定》（2016年建设部颁发）。包括总平面、建筑、结构、建筑经济以及各设备专业各阶段设计文件的编制深度。

（2）制图标准

《房屋建筑制图统一标准》（GB/T 50001—2017）。总平面、建筑、结构以及各设备专业均适用。主要内容为：图纸幅面规格、图线、字体、比例、符号、定位轴线、建筑材料图例、图样画法、尺寸标注等。

《建筑制图标准》（GB/T 50104—2010）。适用于建筑专业。主要内容为：图线、比例、图例、图样画法等。

3）建筑施工图表达的基本构成

建筑施工图的内容主要通过以下两大部类进行表达：

（1）文字表述：包括封面、目录、首页（设计总说明、工程做法、门窗表）、计算书。

（2）图形表示：包括平面图、立面图、剖面图、详图。

8.2　施工说明及总平面图

8.2.1　封面、目录、图幅

1）封面

根据《建筑工程设计文件编制深度规定》，建筑施工图纸装订时应有总封面，其图幅与图纸一致，形式不限，但应与其他专业的施工图纸封面统一。如图幅较大、较空时，也可将图纸目录并入。

总封面应标明以下内容：

（1）项目名称。

（2）编制单位名称（含设计资质证书号）。

（3）设计项目编号。

（4）设计阶段。

（5）编制单位法人代表、技术总负责人和项目总负责人的姓名及其签字或授权盖章。

（6）编制年月（即出图年月）。

2）目录

图纸目录是施工图纸的明细和索引，编写时应注意：

（1）施工图纸目录应一个子项的一个专业书写一份，不得在一份目录内编入其他子项或其他专业新设计的施工图纸。此点与方案设计或初步设计阶段的图纸目录不同，其目的在于方便归档、查阅和修改。

（2）图纸目录应排列在施工图纸的最前面，但不编入图纸的序号内。

（3）图纸上应当先列新绘制图纸，后列选用的标准图或重复利用图。

① 新绘制图纸一般均按首页（设计总说明、工程做法、门窗表）、基本图（平、立、剖面）和详图三大部类的顺序进行编排。

② 选用的标准图一般应写图册编号及名称，数量多时也可只写图册编号。

③ 重复利用图纸。多是利用本设计单位其他工程项目的部分图纸，应随新绘制图纸出图。重复利用图纸必须在目录中写明该项目的设计号、项目名称、图别、图号、图名，以免出错。

（4）目录上的图号、图名应与相应图纸上的图号、图名一致，设计号、工程名称、单项名称应与合同及初步设计文件相一致，结构类型应与结构设计相符。

（5）序号为流水号，不得空缺或重号加注脚码，目的在于表示本子项图纸的实际自然张数。

（6）图号应从"1"开始依次编排，不得从"0"开始。图号可以重号加注脚码，主要用于相同图名的多张图纸（如门窗表、工程做法等）。图号一般不应空缺跳号，以免混乱。

变更图或修改图的图号应加注字码，以示与原设计图纸的关系与区别。各设计单位标示各异,无统一规定。

(7)总平面定位图或简单的总平面图可编入建筑施工图纸内,并应位于单体平面图之前。复杂的总平面图应单独按总施图自行编号出图。

3)图幅

建议一个子项的图纸图幅宜控制在两种以内,且以 1 号及其加长图纸为佳。

4)签署

施工图标题栏的签字区包含实名列和签名列,实名列应使用印刷体记载设计各级负责人员姓名,签名列则应由实名列记载的相应人员亲自签署,标示应承担的社会责任和法律责任。

此外,对需要相关专业会签的施工图还应设置会签栏——包括会签人员所代表的专业名称、姓名(实名与签名)、日期等,记载相关专业的会签认可。

8.2.2 设计总说明

设计总说明、工程做法、门窗表三类内容统称为"施工图设计说明"。

首页表述的主要内容见表 8-3。

表 8-3 首页表述的主要内容

首页	设计总说明(定性)	工程介绍:概况、指标、数据
		设计范围、依据、告知
		设计要旨:建筑防火、防水、人防、节能、无障碍、安防、环保
		专项说明:墙体、地沟、门窗、玻璃幕墙、金属及石材幕墙、电梯、二次装修等
	工程做法(定量)	用料说明 / 一般均合并列表编写,内容包括:散水、勒脚、墙身防潮、外墙面、屋面、台阶、坡道、室内地面、楼面、踢脚板、墙裙、内墙面、顶棚、地下室防水等
		室内外装修
	门窗表	门窗表:按材质或功能编号、洞口尺寸、樘数、索引标准详图或自绘详图
		说明(宜在设计总说明内表达):立樘位置,框料及玻璃品种与颜色,对厂家资质、设计、制作、安装的要求,依据的规范

1)设计总说明的内容

设计总说明是建筑施工图设计的纲要,不仅对设计本身起着控制和指导作用,更为施工、审查(特别是施工图审查)、建设单位明确了解设计意图提供了依据。同时,也是建筑师维护自身权益的需要。

对于民用建筑而言,设计总说明的主要内容可归纳为以下四个方面:

(1)工程介绍。概况及主要指标、数据等。一般包括建筑名称、建设地点、建设单位、建筑面积、建筑基底面积、建筑工程等级、设计使用年限、建筑层数及建筑高度、防火设计建筑分类和耐火等级、抗震设防烈度等,以及能反映建筑规模的主要技术经济指标,如住宅的套型和套数(包括每套建筑面积、使用面积、阳台建筑面积。房间使用面积可在平面图中标注)、旅馆的客房间数和床位数、医院的门诊人次和住院部床位数、车库的停车泊位数等。还有本子项的相对标高与总图绝对标高的关系。

（2）设计范围、依据、告知。

设计范围：应写明承担设计专业的名称，以及与相关设计单位的分工。

设计依据：系指本子项工程施工图设计的依据性文件、批文和相关规范。

设计告知：系指其他有关设计事宜的说明，如"设计文件未经审批不得施工""未经许可任何其他单位不得修改图纸"等。

（3）设计要旨。主要包括建筑防火、防水、人防工程、节能、无障碍、安全防护、环境保护设计的原则，其中，人防工程防护等级、屋面防水等级、地下室防水等级均应明确。

（4）专项说明。即有关墙体、地沟、门窗、幕墙、电梯、二次装修等建筑构造和配件的设计要求。例如：

① 对采用新技术、新材料做法的说明及对特殊建筑造型和必要的建筑构造的说明。

② 幕墙工程（包括玻璃、金属、石材等）及特殊的屋面工程（包括金属、玻璃、膜结构等）的性能及制作要求，平面图、预埋件安装图等以及防火、安全、隔声构造。

③ 电梯（自动扶梯）选择及性能说明（功能、载重量、速度、停站数、提升高度等）。

④ 墙体及楼板预留孔洞需封堵时的封堵方式说明。

2）常见弊病

（1）范围界定不清——多与工程做法混同，二者有的条目确实相似，且相互具有因果关系，但前者"定性"，后者"定量"，有着本质区别。以前述有关屋面及地下室防水的条目为例，设计总说明中只需明确"防水等级"和"设防要求"（定性）即可，具体构造和用料（定量）则可在工程做法中表述。同样，对于"室内地沟"，设计总说明中只需交代根据什么选用何种地沟，以及构件选用的荷载等级，具体做法可索引标准图或另绘图纸表示。

（2）编写框架不明——多有缺项，导致隐患或授人以柄，如常缺少人防工程、无障碍或节能设计有关的设计说明。

（3）条文书写不全、深度不够，实施或审查困难，如有关商店防火设计的条目不交代疏散宽度的计算结果、电梯专项说明中漏写速度或兼为消防电梯等。

究其原因，除主观因素外，在客观上也确实存在着难点：由于建筑类型千差万别，涉及的建筑材料、技术、法规繁杂，致使"设计总说明"应表述的内容广泛却又缺乏共性规律。因此，尽管很多设计单位都有编制统一和通用的"设计总说明"以确保设计质量和技术水平，并提高工作效率，但至今均不够理想。

示例一：××市办公楼建筑专业施工图封面、目录。（图8-1、图8-2）

示例二：××市幼儿园建筑专业施工图设计总说明。（图8-3、图8-4）

XX 市 办 公 楼

建 筑 专 业 施 工 图

设计编号：□□□□□

总 负 责 人： □□□

总 建 筑 师： □□□

项目负责人： □□□

XXX 设 计 有 限 公 司

XXXX 年 XX 月

图 8-1 封面

ＸＸＸ设计有限公司
工程设计图纸目录

证书编号：**甲□□□**　工程名称：_____**某市办公楼**_____

设计编号：_____　建筑面积：_____　工程造价：_____

设计阶段：**施工图**　设计专业：___**建　筑**___

序号	图号	图名	图幅	序号	图号	图名	图幅
1	建施-01	设计总说明	A2	18	建施-18	墙身大样(二)	A2
2	建施-02	设计总说明(续)	A2	19	建施-19	门窗立面图	A2
3	建施-03	工程做法及门窗表	A2				
4	建施-04	总平面定位图	A2			选用建筑标准图集	
5	建施-05	地下室平面图	A2			88J1-1.1-3 工程做法	
6	建施-06	一层平面图	A2			88J2-2.2-3.2-10 墙身	
7	建施-07	二、三层平面图	A2			88J4-3 内装修—吊顶	
8	建施-08	四层平面图	A2			88J5-1 屋面	
9	建施-09	屋顶平面图	A2			88J6-1 地下工程防水	
10	建施-10	1号楼梯、电梯放大平面图	A2			88J7-1 楼梯	
11	建施-11	2号楼梯及卫生间放大平面图	A2			88J8 卫生间、洗池	
12	建施-12	局部吊顶平面图	A2			88J9 室外工程	
13	建施-13	①～⑤及⑤～①立面图	A2			88J12-1 无障碍设施	
14	建施-14	④～①及①～④立面图	A2			88J13-3.13-4 木门	
15	建施-14	1-1剖面图	A2			88J13-4钢质防火门、防火卷帘门	
16	建施-16	节点详图	A2			88J14-2 居住建筑	
17	建施-17	墙身大样(一)	A2				

更改及作废记录	日期	内容摘要	经办

审定：_____　工程负责人：_____　____年____月____日

图8-2　图纸目录

第一章 设计总说明

一、项目概况

1. 项目名称：××市幼儿园建设工程项目。
2. 项目建设单位：××××××××。
3. 项目用地规模、用地性质：
   本工程建设用地面积为×××平方米、服务设施用地（R22）。
4. 项目建设地点：××× 地块内。
5. 项目建设概况：
   本工程总建筑面积为××××平方米〔其中：地上面积为××××平方米，地上不计入建筑面积为××××平方米，地下建筑面积：××××平方米〕，建筑占地面积为××××平方米；12个班。

二、地理位置、气候条件、场地情况

1. 自然地理
   ××市，××省辖地级市，简称××；××省三大中心城市之一。××市位于××省东南部，东接××，南靠××，西及西北部与××相连，北和东北部与××市接壤。

2. 气候条件
   ××市为中亚热带季风气候区，西及西北部气温××摄氏度，冬夏季风交替显著，温度适中，四季分明，雨量充沛。1月份平均气温××摄氏度、7月份平均气温××摄氏度。冬无严寒，夏无酷暑。年降水量在××××毫米之间，春夏之交有梅雨，7-9月间有热带气候。无霜期为××××天。全年日照数在××××小时之间。

3. 场地情况
   场地内部基本平整。

三、设计依据

1. 《建筑设计防火规范》（GB 50016—2014）（2018版）；
2. 《浙江省消防技术规范难点问题操作技术指南（2017）》；
3. 《托儿所、幼儿园建筑设计规范》（JGJ 39—2016）；
4. 《幼儿园建筑构造与设施》（11J935）；
5. 《泰顺县城乡规划管理技术规定》（2015版）；
6. 《倒置式屋面工程技术规程》（JGJ 230—2010）；
7. 《无障碍设计规范》（GB 50763—2012）；
8. 《浙江省标准公共建筑节能设计标准》（GB 50189—2015）；
9. 《民用建筑热工设计规范》（GB 50176—2016）；
10. 《浙江省民用建筑节能设计技术管理若干规定》；
11. 《建筑外窗气密、水密、抗风压性能分级及其检测方法》（GB/T 7106—2008）；
12. 《无机轻集料保温砂浆系统技术规程》（DB33/T1054—2016）；
13. 《工程建设标准强制性条文》以及国家和浙江省有关建筑设计的规范、规程、规定。

四、设计标准

1. 抗震设防烈度：6度。
2. 建筑设计使用年限：50年。
3. 建筑分类及耐火等级：本工程为多层公共建筑，耐火等级为二级。
4. 设计标注尺寸总图以米为单位，其余以毫米为单位。

图 8-3　设计总说明 1

五、设计技术经济

经济技术指标

计算建筑面积依据	\multicolumn{4}{c	}{××省工程建设标准《建筑工程建筑面积计算和竣工综合测量技术规程》(DB33/T 1152—2018)}
序号	指标名称		单位	数 量
1	建设用地面积		㎡	6 029.85
2	总建筑面积		㎡	7 826.0
	地上面积		㎡	5 626.0
其中	地上计入建筑面积		㎡	5 426.0
	地上不计入建筑面积		㎡	200.0 (底层架空公共休闲场地)
	地下建筑面积		㎡	2 200.0
3	容积率			0.9
4	建筑基地总面积		㎡	1 808.0
5	建筑密度		%	30%
6	绿地总面积		㎡	2 412.0
7	绿地率		%	40%
8	机动车泊位 (地下)		辆	25 (其中充电桩车位9辆;截车位9辆,按7折算后为14辆;小型车位14辆;充电车位4辆)
9	非机动车泊位 (地下)		㎡	70.0
10	场地标高		m	532.50
11	主要建筑的层数		层	3
12	建筑总高度		m	11.75
13	班数		班	12

图 8-4 设计总说明 2

8.3 建筑平面图

平面图是建筑施工图中最主要、最基本的图纸，其他图纸（如立面图、剖面图及某些详图）多是以它为依据派生和深化而成的。

同时，建筑平面图也是其他工种（如结构、设备、装修）进行相关设计与制图的主要依据。反之，其他工种（特别是结构与设备）对建筑的技术要求也主要在平面图中表示（如砖墙厚、砖柱断面尺寸、管道竖井、留洞、地沟、地坑、明沟等）。

因此，平面图与建筑施工图的其他图纸相比较为复杂，绘制也要求全面、准确、简明。

8.3.1 平面图综述

1）平面图的基本概念

典型平面图的实质是建筑物水平剖面图，并根据表达内容的需要，选择不同的剖视高度，从而生成地下层平面图、底层平面图、楼层平面图、地沟平面图、吊顶平面图等。至于屋面平面图，其实是俯视建筑物所得的"第五"立面图。

各层平面图一般是指在建筑物门窗洞口处水平剖切后，按正投影法绘制的俯视图（大空间的影剧院、体育场、体育馆等的剖切位置可酌情确定）。

2）平面图表达的内容

平面图所表达的内容可基本归纳为以下三大部分：

（1）平面图样

① 用粗实线和规定的图例表示剖切到的建筑实体的断面，如墙体、柱子、门窗、楼梯等。

② 用细实线表示剖视方向（即向下）所见的建筑部件、配件，如室内楼地面、卫生洁具、台面、踏步、窗台等。有时楼层平面还应表示室外的阳台、下层的雨篷和局部屋面。底层平面则应同时表示相邻的室外柱廊、平台、散水、台阶、坡道、花坛等。如需表示高窗、天窗、上部孔洞、地沟等不可见部件，以及机房内的设备时，可用细虚线表示。

（2）定位与定量

① 定位轴线：以横、竖两个方向的墙（柱）轴线形成平面定位网络。

② 标注尺寸：其中标注建筑实体或配件大小的尺寸为定量尺寸，如墙厚、柱子断面、台面的长度、地沟宽度、门窗宽度、建筑物外包总尺寸等；而标注上述建筑实体或配件位置的尺寸则为定位尺寸，如墙与墙的轴线间距、墙身轴线与两侧墙皮的距离、地沟内壁距墙皮或轴线的距离、拖布盆与墙面的距离等。

③ 竖向标高：楼面、地面、高窗及墙身留洞高度等需加注标高，用以控制其垂直定位。

（3）标示与索引

① 标示：图样名称、比例、房间名称、指北针、车位示意等。

② 索引：门窗编号、放大平面和剖面及详图的索引等。

平面图表达的基本构成见表8-4。

表 8-4　平面图表达的基本构成

基本构成	具体内容		
平面图样	剖切到的实体断面(用粗实线及图例表示)		
	俯视所见的建筑部、配件(用细实线表示)		
定位与定量	平面定位轴线:以横、竖方向墙(柱)轴线形成平面定位网络		
	标注尺寸	定量尺寸:用以标注建筑实体或配件的大小	
		定位尺寸:用以确定建筑实体或配件的位置	
	竖向标高:楼(地)面、高窗、墙身留洞等的竖向定位		
标示与索引	标示:图名、比例、指北针、房间名称等		
	索引:其他图纸的内容(如门窗编号、放大平面或剖面、详图)		

3)平面图尺寸标注的简化

(1)定量尺寸的简化。当定量尺寸在索引的详图(含标准图)中已经标注,在各种平面图中可不必重复。例如,内门的宽度、拖布盆的尺寸、卫生隔间的尺寸等。若标准图中的定量尺寸有多种时,则平面图应标注选用的定量尺寸,如地沟或明沟的宽度等。

此外,大量性的定量尺寸,可在图内附注中写,不必在图内重复标注。

(2)定位尺寸的简化。当实体位置很明确时,平面图中则不必标注定位尺寸。例如,拖布盆靠设在墙角处、地沟的尽端到墙为止等。某些大量性的定位尺寸也可在图注内说明。例如,"除注明者外,墙轴线均居中""内门均位于所在开间中央"等。

(3)当已索引局部放大平面图时,在该层平面图上的相应部位可不再重复标注相关尺寸。

(4)如系对称平面,对称部分的内容尺寸可省略,对称轴部位用对称符号表示,但轴线不得省略。楼层平面除开间、跨度等主要尺寸及轴线编号外,与底层(或下一层)相同的尺寸也可省略。

(5)钢筋混凝土柱和墙,也可以不标注断面尺寸和定位尺寸,但应在图注中写"明见结施图",且应在施工图草图中深入研究、配合,确保无误。复杂者则应画节点放大图。

4)"三道尺寸"的标注与简化

这里特别提及关于外墙门窗洞口尺寸、轴线间尺寸、轴线或外包总尺寸——"三道尺寸"的标注问题。

(1)该"三道尺寸"在底层平面中是必不可少的,当平面形状较复杂时,还应增加分段尺寸。

(2)在其他各层平面中,外包总尺寸可省略或者标注轴线间总尺寸。

(3)在屋面平面中可以只标注端部和有变化处的轴线号,以及其间的尺寸。

(4)无论在何层标注,均应注意以下两点,才能方便看图,明确清晰。

①门窗洞口尺寸与轴线间尺寸要分别在两行上各自标注,宁可留空也不要混注在一行上。

②门窗洞口尺寸也不要与其他实体的尺寸混行标注。例如,墙厚、雨篷宽度、踏步宽度等应就近实体另行标注。

(5)当上下或左右两道外墙的开间及洞口尺寸相同时,可只标注上或下(左或右)一面尺寸及轴线号。此点在计算机绘图时常重复标注,反而显得繁杂和重点不突出。

5)平面图的排序

平面图图纸的编排次序建议如下:

总平面定位图、防火分区示意图、轴线关系及分段示意图、各层平面图(地下最深层→地下一层→底层→地上最高层)、屋面平面图、地沟平面图、局部放大平面图、吊顶平面图等。

总平面另行出图时,总平面定位图可取消。

6)平面图表达的主要内容明细

(1)承重墙、柱及其定位轴线和轴线编号,内外门窗位置、编号及定位尺寸,门的开启方向,注明房间名称或编号。

(2)轴线总尺寸(或外包总尺寸)、轴线间尺寸(柱距、跨度)、门窗洞口尺寸、分段尺寸。

(3)墙身厚度(包括承重墙和非承重墙)、柱与壁柱宽、深尺寸(必要时)及其与轴线关系尺寸。

(4)变形缝位置、尺寸及做法索引。

(5)主要结构和建筑构造部件的位置、尺寸和做法索引,如中庭、天窗、地沟、地坑、重要设备或设备机座的位置尺寸,各种平台、夹层、人孔、阳台、雨篷、台阶、坡道、散水、明沟等。

(6)楼地面预留孔洞和通气管道、管线竖井、烟囱、垃圾道等位置、尺寸和做法索引,以及墙体(主要为填充墙、承重砌体墙)预留洞的位置、尺寸与标高或高度等。

(7)特殊工艺要求的土建配合尺寸。

(8)室外地面标高、底层地面标高、各楼层标高、地下室各层标高。

(9)主要建筑设备和固定家具的位置及相关做法索引,如卫生器具、雨水管、水池、台、橱、柜、隔断等。

(10)电梯、自动扶梯及步道(注明规格)、楼梯(爬梯)位置及楼梯上下方向和编号索引。

(11)屋面平面应有女儿墙、檐口、天沟、坡向、雨水口、屋脊(分水线)、变形缝、楼梯间、水箱间、电梯间、天窗及挡风板、屋面上人孔、检修梯、室外消防楼梯和其他构筑物,以及必要的详图索引号、标高等,表述内容单一的屋面可缩小比例绘制。

(12)根据工程性质及复杂程度,必要时可选择绘制局部放大平面图。

(13)建筑平面较长较大时可分区绘制,但须在各分区平面图适当位置绘出分区组合示意图,并明显表示本分区部位编号。

(14)可自由分隔的大开间建筑平面宜绘制平面分隔示例系列,其分隔方案应符合有关标准及规定(分隔示例平面可缩小比例绘制)。

(15)每层建筑平面中防火分区面积和防火分区分隔位置示意(宜单独成图,如为一个防火分区,可不注防火分区面积)。

(16)车库的停车位和通行路线。

(17)剖切线位置及编号(一般只标注在底层平面或需要剖切的平面位置)。

(18)有关平面节点详图索引号。

(19)指北针(画在底层平面)。

(20)图纸名称、比例。

8.3.2　地下层平面图

建筑物的地下部分由于其深入地下,致使采光、通风、防水、结构处理以及安全疏散等设计问题均较地上层复杂。此外,为了充分开发空间,提高地上层(尤其是底层)的使用率,又多将机电设备用房、汽车库布置在地下层内,而人防工程又只能位于地下。这些用房均各有特殊的使用和工艺要求,从而使地下层的设计难度加大,设计者必须给予足够的重视。一方面要对建筑专业本身的技术问题给予慎重妥善的对待,同时还应对其他工种的要求充分理解和满足,这样才能使设计趋于完善。地下层平面图绘制注意事项:

(1)地下层外墙和底板(含桩基承台)的防水措施以及变形缝和后浇带处的防水做法,是地下层施工图设计必须交代的重点内容,其选材和构造应合理可靠,否则后患无穷,补救不易。为此,一般均应绘制上述部位的放大节点详细表达,或者引用相应的标准图节点详图,并应遵守《地下工程防水技术规范》(GB 50108—2017)的规定,其中应确定防水等级和设防要求。

(2)民用建筑的地下层内,一般均布置有设备机房(如风机房、制冷机房、直燃机房、锅炉房、变配电室、发电机房、水泵房等),其设备的大小和定位在相应工种的施工图上表示,建施图上可用虚线示意或不表示。但电缆沟、排水明沟和集水井则应索引详图和注明定位尺寸、底标高及坡向、坡度等。

(3)设备基座多由结构工种在结构施工图上表示。位于基础底板上的地坑由结构工种在结构施工图上交代,建施图上仅示意即可。

示例四:××别墅地下一层平面图。(图 8-5)

8.3.3　底层平面图

1)概述

建筑物的底层是地上部分与地下的相邻层,并与室外相通,因而必然成为建筑物上下和内外交通的枢纽。

底层既与室外相邻,便可多向布置出入口组织人流和货流;还可以向主体外扩大成为裙房,布置更多不同功能的房间。尤其是门厅和大堂的设计,关系到进入室内的"第一印象"。

此外,如何处理好门廊、踏步、坡道、花坛等室外空间的过渡部分,势必影响整个建筑的外部形象。

就图纸本身而论,底层平面可以说是地上其他各层平面的"基本图"。因为地上层的柱网及尺寸、房间布置、交通组织、主要图纸的索引往往在底层平面首次表达。

综上所述,底层平面图的内容比较复杂,设计和表达难度也较大。

2)底层平面图绘制注意事项

(1)底层地面的相对标高通常为±0.000,其相应的绝对标高值应在首页设计总说明中注明。

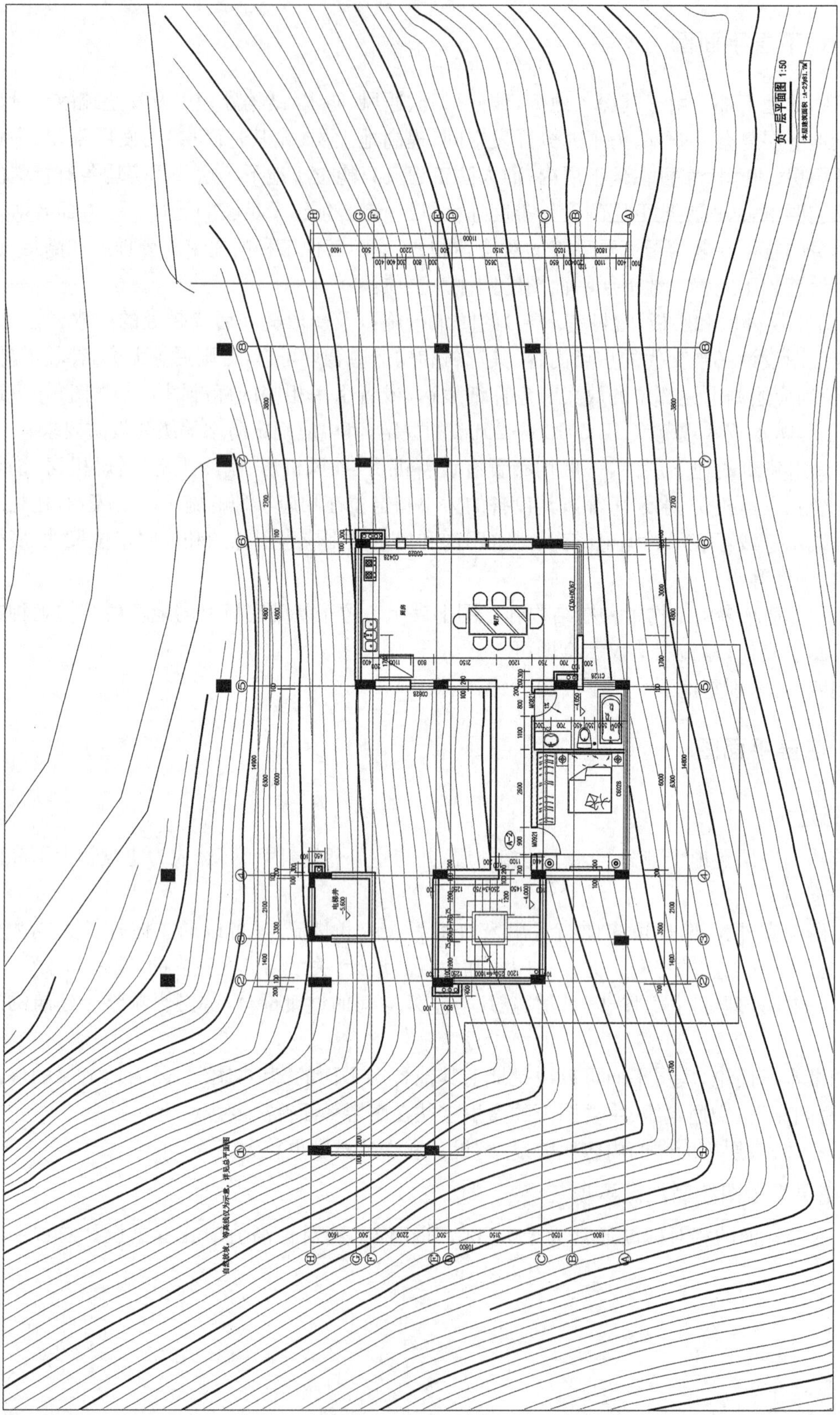

图 8-5　××别墅地下一层平面图

室外地面有高低变化时,应在典型部位分别注出设计标高(如踏步起步处,坡道起始处,挡土墙上、下处等)。剖面的剖切位置也应注出,以便与剖面图上的标高及尺寸相对应。

与室内出入口相邻的室外平台,一般均比室内标高低 20 mm(有无障碍要求时为 15 mm,并以斜坡过渡),以防雨水进入。人流频繁的也可不做高差,但室外平台应向外找坡($i=0.005$ 左右)。

(2)剖切面应选在层高、层数、空间变化较多,最具有代表性的部位。复杂的应画多个剖视方向的全剖面或局部剖面。剖视方向宜向左、向上。剖切线编号和所在图号一般只注在底层平面图上。

(3)指北针应画在底层平面图上,位于图面的角部,不应太大、太小或奇形怪状。

(4)简单的地沟平面图可画在底层平面图内,复杂的地沟平面图应单独绘制,以免影响底层平面图的清晰。

(5)外包总尺寸(或轴线总尺寸)在底层必须标注,并应与总平面图的相应尺寸一致。

示例五:××别墅一层平面图。(图 8-6)

8.3.4 楼层平面图

1)概述

楼层平面是指建筑物二层和二层以上的各层平面。由于结构体系和布置已基本定型,因此除裙房与主体的相接层之外,各楼层虽可以向内缩减或向外有限悬挑,但其平面往往变化不多,即重复性较大。

此外,还应注意的是,楼层平面有时应表示同层的室外阳台和下一层的局部屋面或雨篷。

2)楼层平面图绘制注意事项

(1)除开间、跨度等主要尺寸和轴线编号外,与底层或下一层相同的尺寸均可省略,但应在图注中说明。

(2)当仅仅是墙体、门、窗等有局部少量变动时,可以在共用平面中用虚线表示,但需注明用于什么层次。

(3)当仅仅是某层的房间名称有变化时,只需在共用平面的房间名称下另行加注说明即可。

(4)当某层的局部变动较大,其他部位仍相同时,可将变动部分画在共同平面之外,写明层次并注写"其他部分平面同某层"。

(5)如上下或左右外墙上的尺寸相同时,只标注一侧即可。

(6)各层中相同的详图索引均可以只在最初出现的层次上标注,其后各层则可省略,只标注变化和新出现者,这样看图更清晰,改图更方便。

示例六:××别墅二层平面图。(图 8-7)

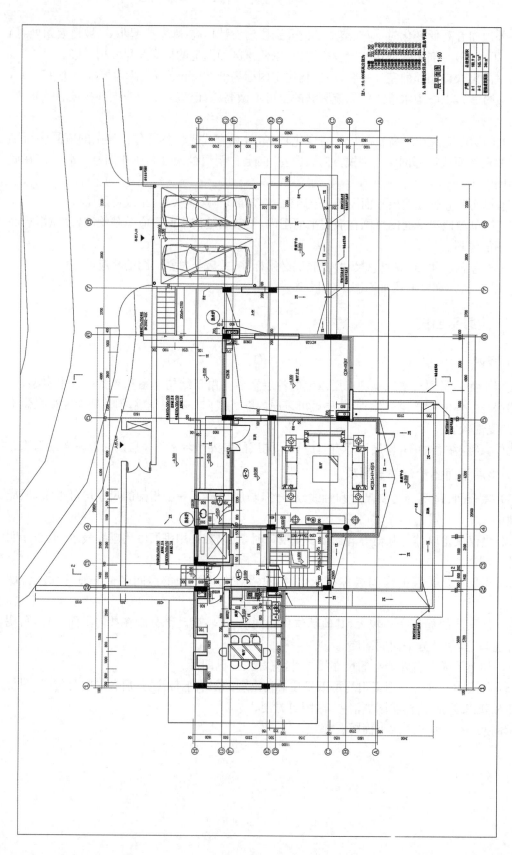

图 8-6 ××别墅一层平面图

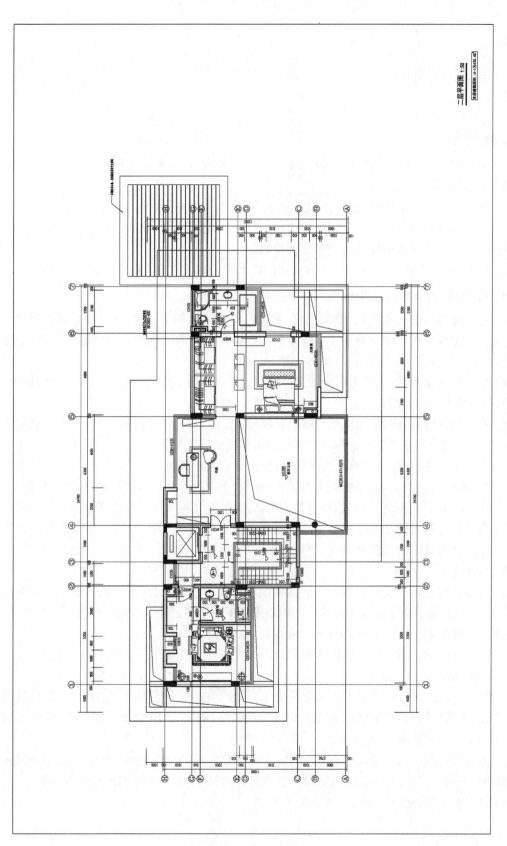

图 8-7 ××别墅二层平面图

8.4 屋顶平面图

1）概述

（1）屋面平面可以按不同的标高分别绘制，也可以画在一起，但应注明不同标高。复杂时多用前者，简单时多用后者。

（2）屋面平面应有女儿墙、檐口、天沟、坡向、雨水口、屋脊（分水线）、变形缝、楼梯间、水箱间、电梯间、天窗及挡风板、屋面上人孔、检修梯、室外消防楼梯及其他构筑物，必要的详图索引号、标高等；表述内容单一的屋面可缩小比例绘制。

（3）在屋面平面图中可以只标注两端和有变化处，以及供构配件定位的轴线编号及相间尺寸。

2）屋顶平面图绘制注意事项

（1）应根据当地的气候条件、暴雨强度、屋面汇流分区面积等因素，确定雨水管的管径和数量。每一独立屋面的落水管数量不宜少于两个。高处屋面的雨水允许排到低处屋面，汇总后再排除。

（2）当有屋顶花园时，应绘出相应固定设施的定位，如灯具、桌椅、水池、山石、花坛、草坪、铺砌等，并应索引有关详图。

（3）有擦窗设施的屋面应绘出相应的轨道或运行范围，也可以仅注明"应与生产厂家配合施工安装"。轨道等固定于屋面的部位应确保防水构造完整无缺。

（4）当一部分为室内，另一部分为屋面时，应注意室内外交接处（特别是门口处）的高差与防水处理。例如，室内外楼板结构面即便是同一标高，但因屋面找坡、保温、隔热、防水的需要，此时门口处的室内外均应增加踏步，或者做门槛防水，其高度应能满足屋面泛水节点的要求。

（5）冷却塔等露天设备除绘制根据工艺提供的设备基础并注明定位尺寸外，宜用细虚线表示该设备的外轮廓。对明显凸现于天际的设备，应与相关工种协商其外观选型和色彩等，以免影响视觉效果。

（6）屋面排水设计。由于屋面排水天沟常削弱保温效果，因此在寒冷地区亦将屋面多向找坡形成汇水线，使雨水直接流入水落口。但当屋面平面形状复杂或水落口位置不规律时，绘制汇水线的难度也较大。当屋面四周有女儿墙时，一般做法如下：

① 无论内排水还是外排水，屋面的排水坡向均宜与女儿墙垂直或平行，以便于施工，排水坡向应以 2％为主，以利于排水。

② 当为外排水时，建议屋面的绝大部分为 2％坡度的主坡，仅沿女儿墙根据水落口位置增做 1％～0.5％的辅坡，即可形成汇水线。此法排水顺畅，施工方便，绘图简单。当然，也可选用一种坡度（2％）绘制，但较为复杂。

③ 当为内排水时，首先应使水落口的位置尽量有规律，这样无论采用一种坡度（2％）还是采用加辅坡（1％～0.5％）的两种坡度，汇水线的形成均较为简单，施工也较方便，否则将很复杂。

示例七：××别墅屋顶平面图。（图 8-8）

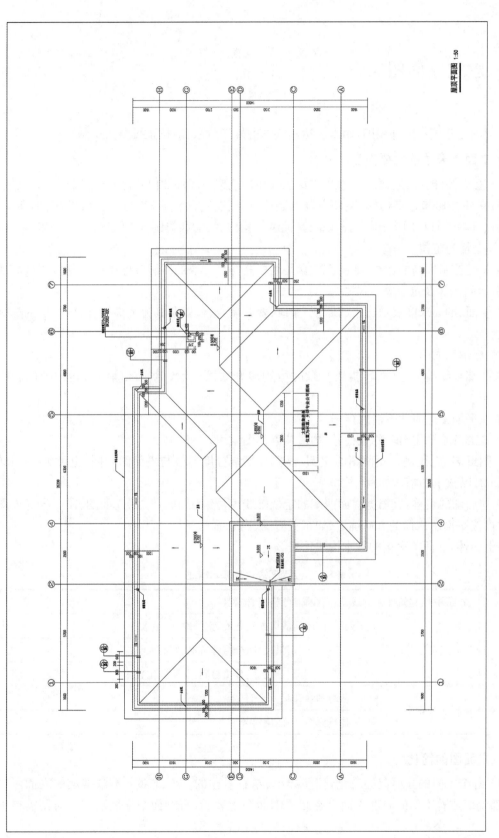

图 8-8　××别墅屋顶平面图

8.5 建筑立面图

立面图是建筑物的外视图,用以表达建筑物的外形效果,应按正投影法绘制。

1)立面图表达的主要内容

(1)立面图样。指立面外轮廓及主要结构和建筑构造部件的位置,如女儿墙顶、檐口、柱、变形缝、室外楼梯和垂直爬梯、室外空调机搁板、阳台、栏杆、台阶、坡道、花台、雨篷、烟囱、勒脚、门窗、幕墙、洞口、门头、雨水管,以及其他装饰构件、线脚和粉刷分格线等。

(2)定量与定位

① 关键控制标高的标注,如屋面或女儿墙标高等。外墙的留洞应标注尺寸与标高或高度尺寸(宽×高×深及定位关系尺寸)。

② 平面、剖面未能表示出来的屋顶、檐口、女儿墙、窗台以及其他装饰构件、线脚等的标高或高度。

(3)标示和索引

① 两端轴线编号,立面转折较复杂时可用展开立面表示,但应准确注明转角处的轴线编号。

② 在平面图上表达不清的窗编号。

③ 各部分装饰用料名称或代号,构造节点详图索引。

④ 图纸名称、比例。立面图的比例,根据其复杂程度不必与平面图相同,也可为 1∶150 或 1∶200,以减小图幅,方便看图。

⑤ 立面图的名称,宜根据立面两端的定位轴线编号编注(如①~⑧立面图、④~⑥立面图等),也可按平面图四面的方向确定(如东立面图、西立面图等)。

综上所述,立面图表达的基本构成见表8-5。

表 8-5　立面图表达的基本构成

立面图	立面图样:建筑外轮廓线、墙面线脚、分格缝、构配件			
	定量与定位	关键处标高:屋面檐口或女儿墙、室外地面、主入口		
		标注尺寸	定量尺寸:分格缝宽深、留洞大小	
			定位尺寸:分格缝间距、留洞位置	
	标示与索引	标示:两端轴线、图名、比例		
		索引:构造详图、饰面用料		

2)立面图的简化

(1)各个方向的立面应绘齐全,但差异小、左右对称的立面或部分不难推定的立面可简略;内部院落或看不到的局部立面可在相关剖面图上表示,若剖面图未表示完全时则需单独绘出。

（2）立面图上相同的门窗、阳台、外装饰构件、构造做法等，可在局部重点表示，其他部分可只画轮廓线。

（3）完全对称的立面可只画一半，在对称轴处加绘对称符号即可。但由于外形不完整，一般较少采用。

（4）施工图阶段立面图中不得加绘阴影和配景（如树木、车辆、人物等）。

示例八：××别墅立面图。（图 8-9）

8.6　建筑剖面图

剖面图是建筑物的竖向剖视图，应按正投影法绘制。

剖视位置应选在层高不同、层数不同、内外部空间比较复杂，具有代表性的部位；建筑空间局部不同处以及平面、立面均表达不清的部位，可绘制局部剖面。

剖面图表达的主要内容如下：

1）剖面图样

与平面图一样，系用粗实线和图例表示剖切到的建筑实体断面，以及用细实线画出剖视方向所见的室内外建筑构配件的轮廓线（包括同一建筑物另一翼的外立面，但应是其他立面图未表示过的）。也即是：剖切到或可见的主要结构和建筑构造部件，如室外地面、底层地（楼）面、地坑、各层楼板、夹层、平台、吊顶、层架、层顶、出屋顶烟囱、天窗、挡风板、檐口、女儿墙、爬梯、门、窗、楼梯、台阶、坡道、散水、阳台、雨篷、洞口及其他装修等。

2）标高与尺寸

（1）标高。主要结构和建筑构造部件的标高，如地面、楼面（含地下室）、平台、吊顶、屋面板、屋面檐口、女儿墙顶、高出屋面的建筑物、构筑物及其他屋面特殊构件等的标高，室外地面标高。标高系指建筑完成面的标高，否则应加注说明（如屋面为结构板面标高）。

（2）尺寸。剖面图中主要标注高度尺寸，其原因在于：剖面图是建筑物的竖向总剖视，比例较小，而水平尺寸多为细部构造尺寸，需要通过墙身大样等详图才能表达清楚（如外墙厚度、轴线关系、门窗定位、线脚挑出长度等）。至于建筑物的进深尺寸则是平面图全面表达的内容，因此在剖面图内一般不必标注轴线间的水平尺寸。

① 外部高度尺寸（三道尺寸）：包括门、窗、洞口高度，层间高度，室内外高差，女儿墙高度，总高度。上述尺寸应各居其行，不要跳行混注。其他部件（如雨篷、栏杆、装饰构件等）的相关尺寸也不要混注，应另行就近标注，以保证清晰明确。

建筑总高度：系指由室外地面至女儿墙、檐口或屋面的高度。屋顶上的水箱间、电梯机房、排烟机房和楼梯出口小间等局部升起的高度不计入总高度，可另行标注。

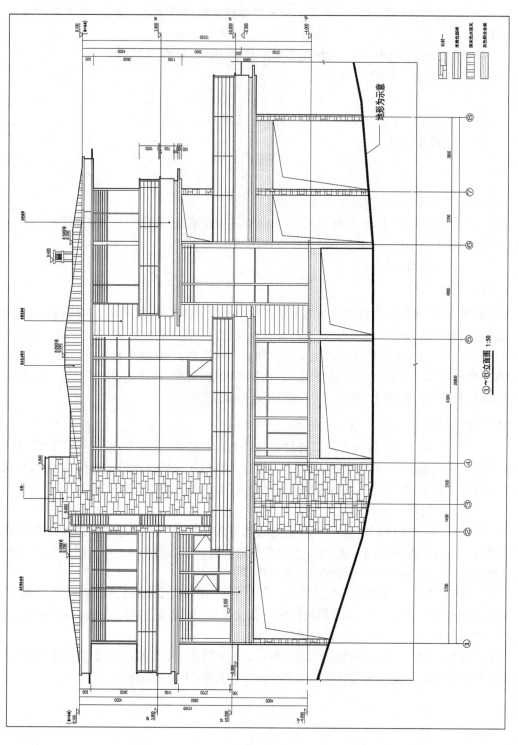

①~⑧立面图 1:50

图 8-9　××别墅立面图

② 内部高度尺寸:包括地坑(沟)深度、隔断、门窗、洞口、平台、吊顶等。

③ 标注尺寸的简化:当两道相对外墙的洞口尺寸、层间尺寸、建筑总高度尺寸相同时,可仅标注一侧;当两者仅有局部不同时,只标注变化处的不同尺寸即可。

3)标示和索引

(1)墙、柱、轴线和轴线编号。可只标注剖面两端和高低变化处的轴线及其编号。

(2)图纸名称、比例。

(3)节点构造详图索引号。

鉴于剖视位置应选在内外空间比较复杂,最有代表性的部位,因此,墙身大样或局部节点应多从剖面图中引出,对应放大绘制,表达最为清楚。

4)剖面图表达的基本构成(表8-6)

表8-6　剖面图表达的基本构成

	剖面图样	剖切到的建筑实体(用粗实线和图例表示)	
剖面图		剖切方向所见的建筑部配件(用细实线表示)	
	标高与尺寸	标高:标注主要结构和建筑部配件的标高	
		尺寸	外部高度尺寸(三道尺寸)
			内部高度尺寸
	标示与索引	标示:两端及高度变化处的轴线、图名、比例等	
		索引:节点构造详图	

5)剖面图绘制注意事项

(1)高层建筑的剖面图上最好标注层数以便于看图,隔数层或在变化层标注也可。

(2)有转折的剖面,在剖面图上应画出转折线。

示例九:××别墅剖面图。(图8-10)

8.7　建筑施工详图

详图是指在平、立、剖面图和首页中无法交代清楚,需要进一步详细表达的建筑构配件和建筑构造。

1)详图的分类

(1)构造详图。指屋面、墙身、墙身内外饰面、吊顶、地面、地沟、地下工程防水、电梯、楼梯等建筑部位的用料和构造做法。其中大多数都可直接引用或参见相应的标准图,否则应画详图节点。

(2)配件和设施详图。指门、窗,幕墙,浴厕设施,固定的台、柜、架、牌、桌、椅、池、箱等的用料、形式、尺寸和构造(活动设备不属于建筑设计范围)。随着工业化的发展,工厂化配件制品日益增多,上述配件和设施也大多可以直接或参见选用标准图或厂家样本(如常用的各种材

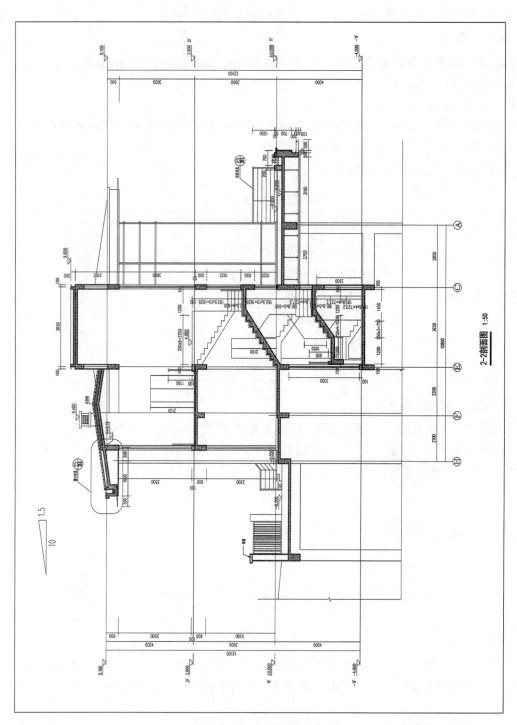

图 8-10 ××别墅剖面图

料和用途的门窗）。另外,还有一些也只需提供形式、尺寸、材料要求,由专业厂家负责进一步设计、制作和安装（如各种幕墙）。

（3）装饰详图。指室内外装饰方面的构造、线脚、图案等。

2）标准图的选用

在建筑详图的设计中,直接选用标准图（通用图）不仅大大提高了设计效率,减少了重复性劳动,而且可以避免一定程度的差错。因为在标准图的编制过程中,已充分考虑建筑构配件的模数系列化与标准化,以便于工业化大量生产。

建筑构配件设计要求的技术性能也必须符合国家的相关规定与标准。同时,构造详图的科学性与合理性是基于前人大量经验的总结,而且编绘校核比较严格,审批正规,从而能确保设计质量。

但是,标准图毕竟只能解决一般性量大面广的功能性问题,对于特殊的做法和构造处理仍需要自行设计非标准的构配件详图。

详图的设计首先需掌握有关材料的性能和构造处理,以满足该建筑构配件的功能要求,同时还应符合施工操作的合理性与科学性。

（1）标准图类别

目前,标准图主要有国家和地区两类:

① 国标——《国家建筑标准设计图集》。适用于全国各地,主要针对一般工业及民用建筑。其本身又分为四个层次:标准图,"J"为建筑专业代号;试用图,编号"S"打头;专用图,编号"Z"打头;参考图或重复利用图,编号"C"打头。

② 地区标准图。

（2）标准图的选用

① 根据工程内容,选定相应各部位的工程做法,一般在用料表中索引所选图集的分类序号、名称即可,小有变通的可在附注中加以说明。标准做法中没有的,则需要用文字逐层交代清楚。

② 平、立、剖面图中的构造、构件需要用详图进一步表明的内容,尽量选用、索引相应适合的标准详图。稍有差异者可"参照"选用,并注明如何更改。标准详图中没有的,则必须另行绘制交代。

【复习思考题】

8.1　设计总说明的内容可归纳为哪四类?

8.2　平面图纸宜按什么次序编排?

8.3　屋面平面中轴线及尺寸如何简化标注?

【本章小结】

建筑施工图是用来表示房屋的规划位置、外部造型、内部布置、内外装修、细部构造、固定设施及施工要求等的图纸,它包括施工图首页、总平面图、平面图、立面图、剖面图和详图。

建筑施工图设计是指把设计意图更具体、更确切地表达出来,绘成能据以进行施工的蓝图。其任务是在扩初或技术设计的基础上,把许多比较粗略的尺寸进行调整和完善,把各部分构造做法进一步考虑并予以确定,解决各工种之间的矛盾,并编制出一套完整的、能据以施工的图纸和文件。施工图设计的能力和质量,是衡量设计单位整体水平的主要因素。

9

结构施工图

导论

结构施工图是根据建筑的要求,经过结构选型和构件布置以及力学计算,确定建筑各承重构件的形状、材料、大小和内部构造等,并把构件的位置、形状、大小、连接方式绘制成图样指导施工,这样的图样称为结构施工图。结构施工图是施工定位、放线、基槽开挖、支模板、绑扎钢筋、设置预埋件、浇筑混凝土,以及安装梁、板、柱,编制工程造价和施工进度计划的重要依据。本章简单介绍了结构施工图相关的基本知识,详细介绍了结构施工图的平面整体表示方法,既适合初学者学习,对相关从业人员也有一定的参考价值。

【教学目标】 掌握结构构件的钢筋配置种类、钢筋的相关知识,能够读懂结构图的平面布置方法。

【教学重点】 基础、柱、梁、板结构施工图的平面整体表示方法。

【教学难点】 结构构件中钢筋的布置种类及作用;钢筋的平面布置方法。

9.1 结构施工图的基本知识

结构施工图是按照结构设计要求绘制的指导施工的图纸,是表达建筑物承重构件(如基础、承重墙、柱、梁、板、屋架等)的布置、形状、大小、材料构造及其相互关系的图样。

结构施工图主要用来作为施工放线,开挖基槽,支模板,绑扎钢筋,设置预埋件,浇捣混凝土,安装梁、板、柱等构件及编制预算与施工组织计划等的依据。

9.1.1 结构施工图的主要内容

1)结构设计说明

结构设计说明用于说明结构设计的依据、结构类型、耐久年限、地震设防烈度、对材料质量及构件的要求、地基状况、选用的标准图集、新结构与新工艺、特殊部位的施工顺序与方法及质量验收标准等。

2）结构平面图

结构平面图表示建筑结构构件的平面布置,包括基础平面图、楼层结构布置平面图、屋盖结构布置平面图。

3）构件详图

构件详图表示结构的形状、尺寸,所用材料强度等级和制作、安装等,包括梁、柱、板及基础结构详图,楼梯结构详图,屋架结构详图和其他详图等。

9.1.2　钢筋混凝土结构的基本知识

用钢筋和混凝土制成的梁、板、柱、基础等构件称为钢筋混凝土构件。全部由钢筋混凝土构件组成的房屋结构称为钢筋混凝土结构;由各种块材和砂浆砌筑而成的墙、柱(楼板、屋顶、楼梯等部分用钢筋混凝土)作为建筑物主要受力板件的结构称为砌体结构。钢筋混凝土结构和砌体结构是目前我国采用较为广泛的两种结构形式。

1）混凝土和钢筋等级

钢筋混凝土构件由钢筋和混凝土两种材料组合而成。混凝土具有较高的抗压强度,钢筋具有良好的抗拉性能,两者结合,混凝土包裹钢筋避免钢筋锈蚀,同时由于钢筋与混凝土的线膨胀系数接近,而且两者之间具有良好的黏结力,因此两者能够很好地共同工作,从而成为建筑结构的承重构件。

（1）混凝土的组成和强度等级

混凝土是由水泥、石子、砂和水及其他掺和料按一定比例配合,经过搅拌、捣实、养护而形成的。它是一种脆性材料,抗压能力好,抗拉能力差。混凝土的强度按《混凝土结构设计规范》(GB 50010—2010)规定分为若干等级,如 C15、C20、C25、C30、C35、C40、C45、C50、C55、C60、C65、C70、C75、C80 等。其中的数字表示混凝土的强度等级,数字越大,抗压强度就越大。

（2）钢筋的种类和等级

钢筋按其外观特征可分为光圆钢筋和带肋钢筋,按其生产加工工艺可分为热轧钢筋、冷拉钢筋、钢丝和热处理钢筋。建筑结构中常用热轧钢筋。《混凝土结构设计规范》(GB 50010—2010)中规定常用的钢筋种类和代号见表 9-1。

表 9-1　钢筋的种类和代号

牌号	序号	公称直径 d(mm)	屈服强度标准值 f_{yk}	极限强度标准值 f_{stk}
HPB 300	φ	6～14	300	420
HRB 335	Φ	6～14	335	455
HRB 400 HRBF 400 RRB 400	Φ Φ^F Φ^R	6～50	400	540
HRB 500 HRBF 500	Φ Φ^F	6～50	500	630

纵向受力普通钢筋可采用 HRB 400、HRB 500、HRBF 400、HRBF 500、HRB 335、RRB 400、HPB 300 钢筋;梁、柱和斜撑构件的纵向受力普通钢筋宜采用 HRB 400、HRB 500、

HRBF 400、HRBF 500 钢筋。

箍筋宜采用 HRB 400、HRBF 400、HRB 335、HPB 300、HRB 500、HRBF 500 钢筋。

2）构件中钢筋的分类和作用

配置在钢筋混凝土构件中的钢筋按其作用和位置可分为以下几种：

（1）受力筋。受力筋是指在梁、板、柱等构件中主要承受拉力或压力的钢筋。如图 9-1(a) 所示的钢筋混凝土梁底部的 4⸱20 弯起钢筋，图 9-1(b) 所示的钢筋混凝土板中的 ⸱10@150 等钢筋，均为受力筋。

（2）箍筋。箍筋是指用来固定钢筋位置的钢筋，在构件中主要承受剪力和斜拉应力，多用于梁和柱内。如图 9-1(a) 所示的为钢筋混凝土梁中的 ⸱6@150 钢筋。

（3）构造筋。构造筋是指应构件的构造要求和施工安装需要而配置的钢筋，包括架立筋、分布筋、腰筋、拉接筋、吊筋等。

架立筋一般用于梁内，固定箍筋位置，并与受力筋、箍筋一起构成钢筋骨架，如图 9-1(a) 所示的为钢筋混凝土梁中的 2⸱12 钢筋。

分布筋一般用于板、墙类构件中，与受力筋垂直布置，用于固定受力筋的位置，与受力筋一起形成钢筋网片，同时将承受的荷载均匀地传给受力筋，如图 9-1(b) 中所示的 ⸱8@250 钢筋。

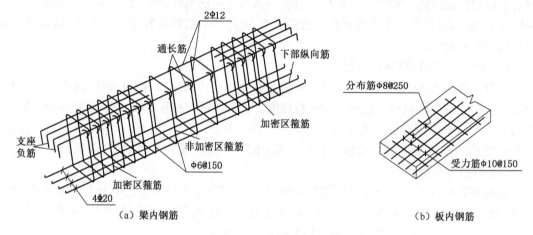

（a）梁内钢筋　　　　　　　　　　　　（b）板内钢筋

图 9-1　箍筋混凝土构件的箍筋配置

3）常用结构构件代号

建筑结构的基本构件种类繁多、布置复杂，为了便于制图图示、施工查阅和统计，《建筑结构制图标准》(GB/T 50105—2010)对各类构件赋予代号。图示常用构件代号用各构件名称汉语拼音的第一个字母表示，见表 9-2。

9.1.3　钢筋混凝土构件的图示方法

钢筋混凝土构件图由模板图、配筋图（钢筋表）等组成。模板图主要用来表示构件的外形、尺寸及预埋件、预留孔的大小与位置，它是模板制作和安装的依据。配筋图主要用来表示构件内部钢筋的形状和配置状况，它一般包括配筋详图、平法图等。

表 9-2　常用构件代号

序号	名称	代号	序号	名称	代号	序号	名称	代号
1	板	B	19	圈梁	QL	37	承台	CT
2	屋面板	WB	20	过梁	GL	38	设备基础	SJ
3	空心板	KB	21	连系梁	LL	39	桩	ZH
4	槽形板	CB	22	基础梁	JL	40	挡土墙	DQ
5	折板	ZB	23	楼梯楼	TL	41	地沟	DG
6	密肋板	MB	24	框架梁	KL	42	柱间支撑	ZC
7	楼梯板	TB	25	框支梁	KZL	43	垂直支撑	CC
8	盖板或沟盖板	GB	26	屋面框架梁	WKL	44	水平支撑	SC
9	挡雨板或檐口板	YB	27	檩条	LT	45	梯	T
10	吊车安全走道板	DB	28	屋架	WJ	46	雨篷	YP
11	墙板	QB	29	托架	TJ	47	阳台	YT
12	天沟板	TGB	30	天窗架	CJ	48	梁垫	LD
13	梁	L	31	框架	KJ	49	预埋件	M
14	屋面梁	WL	32	刚架	GJ	50	天窗端壁	TD
15	吊车梁	DL	33	支架	ZJ	51	钢筋网	W
16	单轨吊车梁	DDL	34	柱	Z	52	钢筋骨架	G
17	轨道连接	DGL	35	框架柱	KZ	53	基础	J
18	车挡	CD	36	构造柱	GZ	54	暗柱	AZ

1）钢筋的一般表示方法

（1）图线规定

在表达钢筋混凝土构件的配筋图时，为了突出钢筋的布置情况，钢筋用粗实线表示，钢筋的截面用小黑圆点表示，构件的轮廓线用细实线表示，图内不画混凝土材料符号，如图 9-2 所示。

（2）钢筋的编号与标注

在钢筋布置图中，为了区别各种类型和不同直径的钢筋及其分布，规定对钢筋应加以编号和标注。每类钢筋（指规格、直径、形状、尺寸都相同的钢筋为一类）只编一个号。钢筋编号的顺序应有规律，一般为先受力筋后架立筋、分布筋、箍筋，且垂直方向自下至上，水平方向自左至右。编号字体规定用阿拉伯数字，编号写在直径 6 mm 的小圆内，用指引线指到相应的钢筋上，圆圈和引出线均为细实线，引出线上注明钢筋的根数、直径以及钢筋间距。

钢筋的标注方法有以下两种：

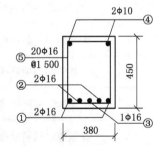

图 9-2　钢筋混凝土的配筋图

① 钢筋的根数、级别和直径的标注,如图 9-3(a)所示。

② 钢筋级别、直径和相邻钢筋中心距离的标注,主要用来表示分布钢筋与箍筋,标注方法如图 9-3(b)所示。

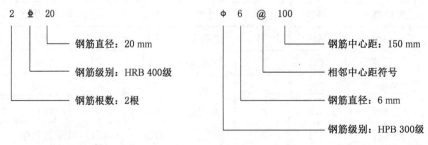

（a）钢筋的根数、级别和直径的标注　　（b）钢筋的级别、直径和相邻钢筋中心距离的标注

图 9-3　钢筋的标注方法

（3）钢筋的图例

为了将钢筋混凝土构件中各种类型的钢筋表达清楚,在《建筑结构制图标准》(GB/T 50105—2010)中列出了钢筋的常用图例,表 9-3 为一般钢筋的常用图例。

表 9-3　一般钢筋的常用图例

序号	名　称	图　例	说　明
1	钢筋横断面	●	
2	无弯钩的钢筋端部		(1) 下图表示长短钢筋; (2) 钢筋投影重叠时,短钢筋的端部用 45°斜短划线表示
3	带半圆弯钩的钢筋端部		
4	带直钩的钢筋端部		
5	带丝扣的钢筋端部		
6	无弯钩的钢筋搭接		
7	带半圆弯钩的钢筋搭接		
8	带直钩的钢筋搭接		
9	花篮螺丝钢筋接头		
10	机械连接的钢筋接头		包括直螺纹连接、锥螺纹连接和冷挤压三种方式,用文字说明机械连接的方式

（4）钢筋的画法

钢筋混凝土结构图中,钢筋的画法应符合表 9-4 中的规定。

表 9-4 钢筋的画法

序号	说　明	图　例
1	在结构平面图中配置双层钢筋时,底层钢筋的弯钩应向上或向左,顶层钢筋的弯钩则向下或向右	（底层）　（顶层）
2	钢筋混凝土墙配双层钢筋时,在配筋立面图中,远面钢筋的弯钩向上或向左,而近面钢筋的弯钩向下或向右(JM 表近面,YM 表远面)	
3	若在断面图中不能清楚地表达钢筋布置,则应在断面图外增加钢筋大样图(如钢筋混凝土墙、楼梯等)	或
4	图中所表示的箍筋、环筋等若布置复杂,可加画钢筋大样图及说明	
5	每组相同的钢筋、箍筋或环筋可用一根粗实线表示,同时用一根两端带斜短划线的横穿细线表示其余钢筋及起止范围	

2）配筋详图表示方法

配筋详图是指通过配筋平面图、立面图、断面图等来表示各构件(板、梁、柱等)的结构尺寸、配筋情况等。

（1）配筋平面图的画法

对于钢筋混凝土板,由于纵横向上的尺寸都比较大,因此通常只用一个平面图来表示配筋情况。

绘图时,墙体的可见轮廓线用中实线,不可见墙体和梁的轮廓线用中虚线。用带弯钩的粗实线表示钢筋的配置和弯曲情况。

图 9-4 为一现浇钢筋混凝土板的配筋情况。①、②号钢筋为现浇钢筋混凝土板底部受力筋,HPB 300,直径为 10 mm,间距为 150 mm;③号钢筋为现浇钢筋混凝土板上部配置在端部支座处的构造筋,HPB 300,直径为 8 mm,间距为 200 mm;④号钢筋为现浇钢筋混凝土板上部配置中间支座处的负弯矩钢筋,HPB 300,直径为 8 mm,间距为 200 mm。

（2）配筋立面图和配筋断面图的画法

对于钢筋混凝土梁和柱,由于比较细长,因此通常用配筋立面图和配筋断面图来表达配筋情况。

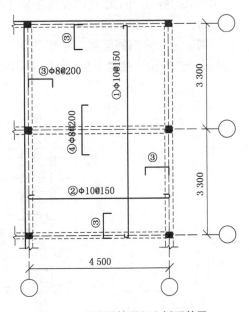

图 9-4 现浇钢筋混凝土板配筋图

断面图的数量应根据钢筋的配置来定,凡是钢筋排列有变化的地方都应画出其断面图。

图 9-5 为单跨简支梁的配筋立面图和配筋断面图。从图中可知,该梁截面尺寸 $b \times h =$

380 mm×450 mm。梁内配有五种钢筋:位于梁底两侧的①纵向受力钢筋 2Φ16;位于梁中的②弯起钢筋 2Φ16;位于梁中的③弯起钢筋 1Φ16;位于梁顶两侧的④架立钢筋纵筋 2Φ10;沿梁长布置的⑤双肢箍筋 Φ6@250,端部加密区间距为 200 mm。

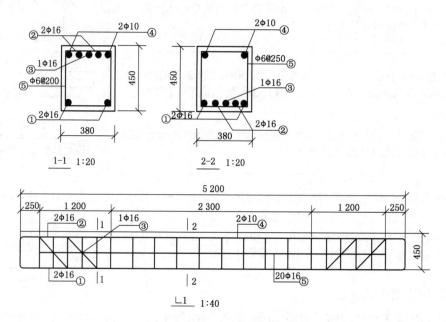

图 9-5 钢筋混凝土梁的配筋图

从图 9-5 中两个断面图 1-1、2-2 可知该梁跨中和梁端的配筋不一样,弯起钢筋在梁两端弯起用于抵抗剪力。因此,可以发现在 2-2 断面图中梁底中间的②、③钢筋在 1-1 断面图中位于梁顶中间。

图 9-6 为某钢筋混凝土柱配筋图。从该柱立面图和断面图可知,柱子截面尺寸 $b \times h = $ 350 mm×150 mm,柱内配有两种钢筋:位于柱四角的纵向受力钢筋 2Φ22;沿柱高均匀布置的双

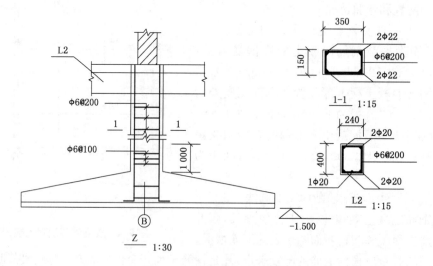

图 9-6 钢筋混凝土柱配筋图

肢箍筋 Φ6@200。柱子的纵向受力钢筋与基础的插筋进行搭接,搭接长度为 1 000 mm,搭接长度范围内箍筋加密为 Φ6@100,位于基础内的插筋只需布置两道箍筋。该详图还给出了与底层柱相交的梁 L2 的断面配筋图。

(3) 钢筋混凝土结构施工图平面整体表示方法

钢筋混凝土结构构件配筋图的表示方法除了配筋详图法外,混凝土结构施工图中的结构施工图平面整体表示方法(简称"平法")也得到了广泛应用。

平法的表达形式就是把结构构件尺寸和配筋等按照平面整体表示方法的制图规则,整体直接表达在各类构件的结构平面图上,再与标准构造详图配合使用。这种表达方式改变了传统的将构件从结构平面图中索引出来,再逐个绘制配筋详图的烦琐方法,其图示方式简便,图纸数量少。

平法适用于各种现浇混凝土结构的柱、剪力墙、梁等构件的结构施工图设计。

按平法设计绘制的施工图一般由结构构件的平法施工图和标准构造详图两部分构成。

下面详细介绍结构施工图的整体表示方法。

9.2 结构施工图的整体表示方法

9.2.1 识读结构施工图首页

结构施工图首页要表达结构设计说明。结构设计说明是结构施工图的纲领性文件,它结合现行规范的要求,针对工程结构的特殊性,将设计的依据、材料、所选用的标准图和对施工的特殊要求等,用文字的方式进行表述。

9.2.2 识读基础施工图

1) 基础知识

图 9-7 所示为某框架结构办公楼工程的基础施工图,基础为条形基础,其部分内容采用了"平法"标注。因此,在阅读利用"平法"绘制的条形基础施工图之前,首先简要介绍 16G101—3 图集中有关条形基础平法施工图的相关规定。

条形基础分为梁板式条形基础和板式条形基础,梁板式条形基础适用于钢筋混凝土框架结构、框架-剪力墙结构、部分框支剪力墙结构和钢结构,板式条形基础适用于钢筋混凝土剪力墙结构和砌体结构。本节主要介绍梁板式条形基础。梁板式条形基础的平法施工图分解为基础梁和条形基础底板两部分。

条形基础平面图包括条形基础平面、基础所支承的上部结构的柱和墙。当基础底面标高不同时,需注明与基础底面基准标高不同之处的范围和标高。当梁板式基础梁中心与建筑定位轴线不重合时,应标注其定位尺寸,对于编号相同的条形基础,可仅选择一个进行标注。

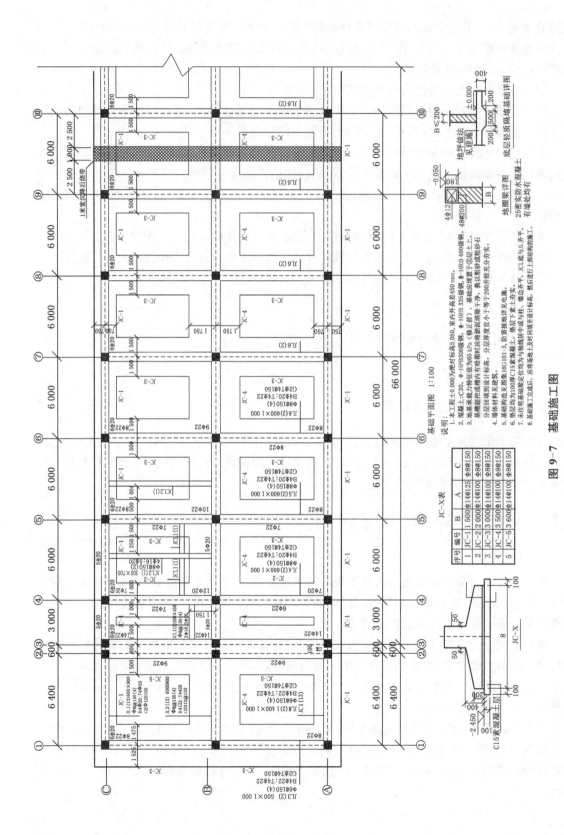

图 9-7 基础施工图

(1) 条形基础的编号

条形基础编号分为基础梁和基础底板编号,规定见表9-5。

表9-5 条形基础梁和底板编号

类　型		代号	序号	跨数及有无外伸
基础梁		JL	××	(××)端部无外伸
基础底板	坡形	TJB$_P$	××	(××A)一端有悬挑
	阶形	TJB$_J$	××	(××B)两端有悬挑

(2) 条形基础梁的平面注写

基础梁JL的平面注写包括集中标注和原位标注两部分内容。

① 基础梁的集中标注

基础梁的集中标注内容为:基础梁编号、截面尺寸、配筋三项必注内容和基础梁底面标高、文字注解两项选注内容。

a. 基础梁编号,见表9-5。

b. 基础梁截面尺寸:梁的截面宽度与高度常注写为 $b×h$。

c. 基础梁配筋

(a) 基础梁箍筋的内容包括钢筋级别、直径、间距与肢数(箍筋肢数写在括号内),表达形式为 $\text{Φ}××@×××(×)$。当采用两种箍筋时,用"/"分隔不同箍筋,按照从基础梁两端向跨中的顺序注写。先注写第一段箍筋,在前面加注箍筋道数;在"/"后面再注写第二段箍筋,不再加注箍筋道数,表达形式为 $××\text{Φ}××@×××/\text{Φ}××@×××(×)$。

例如,9φ16@100/φ16@200(6)表示基础梁配置两种HPB 300级钢筋,两端箍筋直径16 mm,间距100 mm,每端设9道;其余部位箍筋直径16 mm,间距200 mm,均为6肢箍。如图9-8所示。

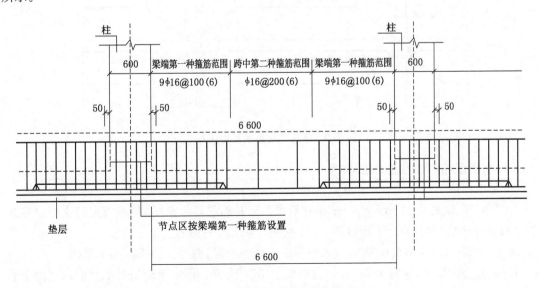

图9-8 基础梁箍筋表达示意图

（b）基础梁底部、顶部及侧面纵向钢筋（纵筋）

梁底部贯通纵筋以 B 打头，当跨中所注根数少于箍筋肢数时，在跨中增设梁底部架立筋以固定箍筋，采用"＋"将贯通纵筋与架立筋相连，架立筋写在加号后面的括号里。

梁顶部贯通纵筋以 T 打头，用"；"将底部与顶部贯通纵筋分隔开。

当梁底部或顶部贯通纵筋多于一排时，用"／"将各排纵筋自上而下分开。

以大写字母 G 打头，注写设置在梁两个侧面的纵向构造钢筋的总配筋值，且对称配置。

例如，B：4Φ28；T：12Φ28 7/5。表示梁底部配置贯通纵筋为 4Φ28；梁顶部配置贯通纵筋上一排为 7Φ28，下一排为 5Φ28，共 12Φ28。

d. 基础梁底面标高：当条形基础底面标高与基础底面基准标高不同时，将条形基础底面标高直接注写在"（　）"内。

e. 文字注解：当设计有特殊要求时，宜增加必要的文字注解。

② 基础梁的原位标注

原位标注基础梁端或梁在柱下区域的底部全部纵筋，包括底部非贯通纵筋和已集中注写的底部贯通纵筋。当纵筋多于一排时，用"／"将各排纵筋自上而下分开；当同排纵筋有两种直径时，用"＋"相连；当梁中间支座或梁在柱下区域两边的底部纵筋配置不同时，须在支座两边分别标注，反之，仅在支座边标注；当梁端（柱下）区域的底部全部纵筋与集中注写过的底部贯通纵筋相同时，可不再重复做原位标注。

基础梁外伸部位的变截面高度尺寸注写为 $b \times h_1/h_2$，h_1 为根部截面高度，h_2 为尽端极面高度。

条形基础梁的平面注写，综合表达如图 9-9 所示。

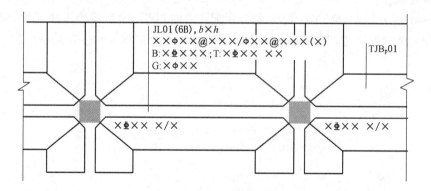

图 9-9　条形基础梁的平面注写

（3）条形基础底板的平面注写

① 集中标注

如图 9-10 和图 9-11 所示为一单梁和双梁条形基础配筋示意图，其底板配筋主要设置在底板（双梁还包括顶配筋）。下面以图 9-11 为例说明其注写内容。

a. 图中编号 TJB$_P$07(6B)表示该条形基础底板为坡形，编号 07，6 跨，两端悬挑。

b. 截面竖向尺寸，注写为 $h_1/h_2\cdots$自下而上用"／"分开。图中基础底板的竖向尺寸由下而上为 300 mm、200 mm，如图 9-12 所示。

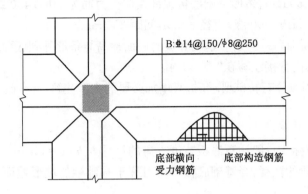

图 9-10　单梁条形基础底板底部配筋示意图

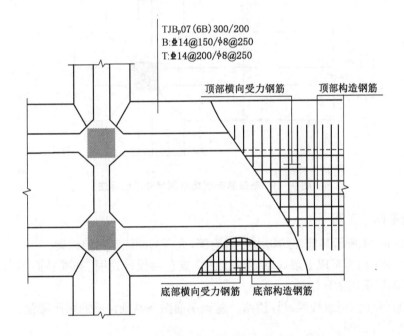

图 9-11　双梁条形基础板底和板顶配筋示意图

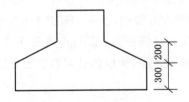

图 9-12　条形基础竖向尺寸

　　c. 底部与顶部配筋。以 B 打头,代表条形基础底板底部的横向受力筋;以 T 打头,代表条形基础底板顶部的横向受力筋。注写时用"/"分隔横向受力筋与构造钢筋。图 9-11 表示条形基础底板底部横向受力筋为 HRB 400 级,直径 14 mm,间距 150 mm;构造钢筋为 HPB 300

级,直径 8 mm,间距250 mm。条形基础底板顶部横向受力筋为 HRB 400 级,直径 14 mm,间距 200 mm;构造钢筋为 HPB 300 级,直径 8 mm,间距 250 mm。

d. 基础底板底面标高。当条形基础底板的底面标高与条形基础底面基准标高不同时,将条形基础底板底面标高直接注写在"( )"内。

e. 文字注解。当设计有特殊要求时,宜增加必要的文字注解。a~c 三项为必注内容,d、e 两项是选注内容。

② 原位标注

条形基础的原位标注一般注写底板宽度方向的尺寸 b、b_i($i=1,2\cdots$)。b 为基础底板总宽度,b_i 为基础底板台阶的宽度,当基础底板采用对称于基础梁的坡形截面或单阶截面时,b_i 可不注,如图 9-13 所示。

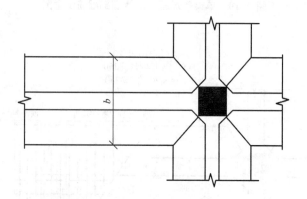

图 9-13 条形基础底板平面尺寸原位标注

2) 识读基础施工图

现以如图 9-14 所示某框架结构办公楼为例,进行基础施工图的识读。

(1) 通过图示内容可以了解该基础施工图主要包括设计说明、基础平面图和基础详图三部分,基础平面图采用的比例是 1:100。

(2) 阅读图纸时,可以按照设计说明→基础平面图→基础详图的顺序阅读。

(3) 阅读设计说明。

说明:

① 本工程±0.000 为绝对标高 5.050,室内外高差 450 mm。

② 混凝土:C30。Φ——HPB 300 级钢,Φ——HRB 335 级钢,Φ——HRB 400 级钢。

③ 地基承载力特征值为 65 kPa(修正前),基础应埋置于②层土上。

基槽内有暗塘时应将淤泥清除干净,换以粗砂或粗砂石分层回填到设计标高,分层厚度宜小于等于 200 并经充分夯实。

④ 墙体材料见建筑施工图。

⑤ 基础构造见 16G101—3 图集,防雷接地详见电施。

⑥ 垫层均为 100 厚 C15 素混凝土,垫层下素土夯实。

⑦ 未注明基础梁定位均为与轴线居中或与柱、墙边齐平,JC 底与 JL 底齐平。

基础施工完成后,应将场地土及时回填至设计标高,然后进行上部结构的施工。

从设计说明中可以了解基础及垫层混凝土强度等级、钢筋级别、地基承载力特征值、基础构造选用的标准图集及基础回填土要求等。

(4) 阅读基础平面图

从基础平面图(图 9-14)上可以读取出:

① 该基础为条形基础。

② 图中横向定位轴线显示有 10 根,轴线间尺寸分别为 6 400 mm、600 mm、3 000 mm、6 000 mm等;纵向定位轴线有 3 根,结合一层平面图,轴线间尺寸分别为 10 000 mm 和 8 000 mm。

③ 可以读取出各条轴线基础的类型。如①轴基础为 JC-3、②轴和③轴基础为 JC-5、④轴基础为 JC-2 等。

④ 可以读取出基础宽度尺寸。如①轴基础 JC-3,轴线至基础边线的尺寸分别为 1 525 mm(左)和 1 475 mm(右);②轴和③轴基础 JC-5,②轴至基础左边线的尺寸为 1 500 mm,②轴与③轴之间的尺寸为 600 mm,③轴至基础右边线的尺寸为 1 500 mm 等。

⑤ 可以读取出基础梁的类型及其参数。

如图 9-14 所示,以①轴为例说明基础梁参数的标注方法。该基础梁分别采用了集中标注和原位标注相结合的方法来表达基础梁的参数,如集中标注为

$$\begin{array}{l} \text{JL3(2)600} \times \text{1 000} \\ \phi\text{8@ 150(4)} \\ \text{B4}\Phi\text{22;T4}\Phi\text{22} \\ \text{G2}\Phi\text{14 @150} \end{array}$$

其中:JL3 代表基础梁的编号。(2) 代表基础梁的跨数(两跨);600×1 000 代表基础梁宽度为 600 mm,高度为 1 000 mm。φ8@150(4)代表基础梁的箍筋为直径为 8 mm 的 HPB 300 级钢筋,钢筋的中心距为 150 mm,四肢箍。B4Φ22;T4Φ22 代表基础梁的底部(B)钢筋为 4 根直径为 22 mm 的 HRB 400 级钢筋,顶部(T)钢筋为 4 根直径为 22 mm 的 HRB 400级钢筋。G2Φ14 @150 代表基础梁两侧共配置了 2 根直径为 14 mm 的 HRB 400 级钢筋,沿基础梁高度方向钢筋的中心距为 150 mm。在原位标注中,在基础梁的两端各标注了 8Φ22,代表在基础梁端的下部配置了 8 根直径为 22 mm 的三级钢筋。JL3 配筋示意图如图 9-15所示。

⑥ 从平面图中还可以读取出③轴与④轴之间、④轴与⑤轴之间、⑤轴与⑥轴之间还有JCL1 和 JCL2,其参数的阅读方法与 JL3 相同;在⑨轴与⑩轴之间有宽度为 1 m 的现浇混凝土后浇带。

(5) 阅读基础详图

如图 9-16 所示,从 JC-X 表中可以直接读取出基础的编号(JC-1、JC-2、JC-3、JC-4、JC-5)、基础宽度 B(1 500 mm、2 000 mm、3 000 mm、3 500 mm、3 600 mm)、基础底板受力筋A 和基础底板分布筋 C。从基础断面图中可以读取出基础宽度 B,基础边缘高度为 200 mm,基础中间高度为 400 mm,基础顶部扩大面与基础梁边缘之间的距离为 50 mm,基础底部的标高为−2.450 m;基础边缘与垫层边缘之间的距离为 100 mm,基础垫层的厚度为 100 mm,垫层混凝土强度等级为 C15;基础底板的受力筋 A 和分布筋 C 如 JC-X 表中所示。

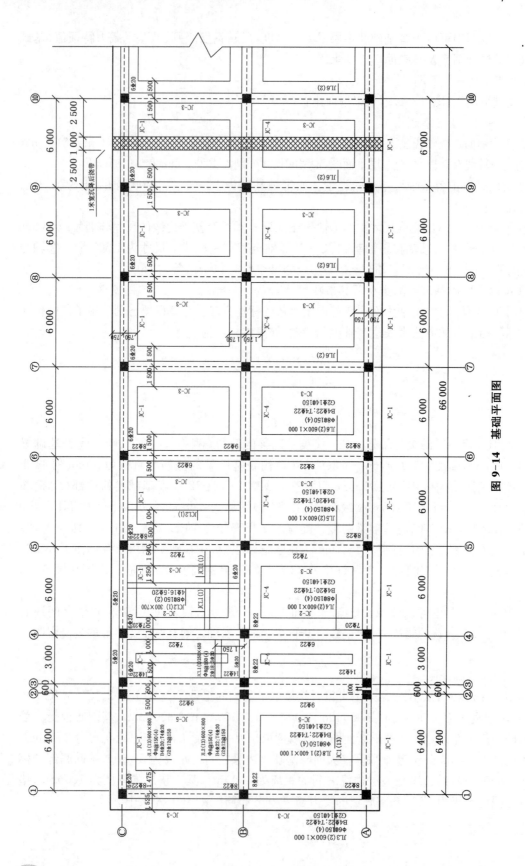

图 9-14 基础平面图

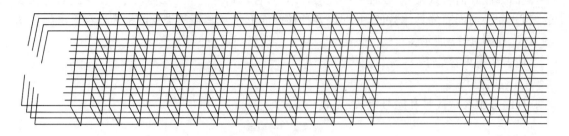

图 9-15　JL3 配筋示意图

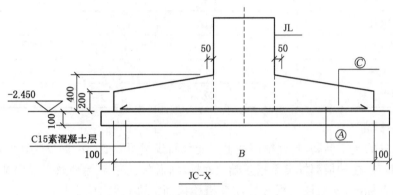

JC-X

JC-X表

序号	编号	B	A	C
1	JC-1	1 500	Φ14@125	φ8@150
2	JC-2	2 000	Φ14@100	φ8@150
3	JC-3	3 000	Φ14@100	φ8@150
4	JC-4	3 500	Φ14@100	φ8@150
5	JC-5	3 600	Φ14@100	φ8@150

图 9-16　基础详图

9.2.3　识读结构施工图

1）基础知识

楼层结构施工图是框架结构房屋结构施工图最主要的组成部分,包括柱、梁、墙、板等构件的图纸。这部分图纸用平面图形式表示,在平面布置图上表示各构件尺寸和配筋方式,分平面注写方式、列表注写方式和截面注写方式三种。

2）柱平法施工图

柱平法施工图是指在柱平面布置图上采用列表注写方式或截面注写方式表达。

（1）列表注写方式

列表注写方式是指在柱平面布置图上,分别在同一编号的柱中选择一个（有时需要选择几个)截面标注几何参数代号,在柱表中注写柱编号、柱段起止标高、几何尺寸(含柱截面对轴线的偏心情况)与配筋的具体数值,并配以各种柱截面形状及其箍筋类型图来表达柱平法施工图的方式,如图 9-17 所示。

柱表注写内容如下:

① 注写柱编号

柱编号由类型代号和序号组成,见表 9-6。

表 9-6　柱编号

柱类型	代号	序号
框架柱	KZ	××
转换柱	ZHZ	××
芯柱	XZ	××
梁上柱	LZ	××
剪力墙上柱	QZ	××

② 注写柱标高

注写各段柱的起止标高,自柱根部往上以变截面或截面未变但配筋改变处为界分段注写。

框架柱和转换柱的根部标高系指基础顶面标高;芯柱的根部标高系指根据结构实际需要而定的起始位置标高;梁上柱的根部标高系指梁顶面标高;剪力墙上柱的根部标高为墙顶面标高。

图 9-17 中,KZ1 分段注写的柱标高分别为 $-0.030 \sim 19.470$ m、$19.470 \sim 37.470$ m、$37.470 \sim 59.070$ m 等。

③ 注写柱截面尺寸

对于矩形柱,注写柱截面尺寸 $b \times h$ 及与轴线关系的几何参数代号 b_1、b_2 和 h_1、h_2 的具体数值,必须对应于各段柱分别注写,其中 $b = b_1 + b_2$,$h = h_1 + h_2$。

图 9-17 中,③轴与ⓒ轴相交处的 KZ1,$-0.030 \sim 19.470$ m 段的几何参数尺寸 $b = b_1 + b_2 = 375 + 375 = 750$ mm,$h = h_1 + h_2 = 150 + 550 = 700$ mm 等。

芯柱定位随框架柱,不需要注写其与轴线的几何关系。如图 9-17 中,③轴与ⓑ轴相交的 KZ1 上即出现 XZ1,其设置位置在 $-0.030 \sim 8.670$ m 段。芯柱的配筋构造如图 9-18 所示。

④ 注写柱纵筋

当柱纵筋直径相同,各边根数也相同时,将纵筋注写在"全部纵筋"一栏中;否则,柱纵筋分角筋、截面 b 边中部筋和 h 边中部筋三项分别注写。

图 9-17 中,KZ1 标高 $-0.030 \sim 19.470$ m 段全部纵筋为 24Φ25,标高 $19.470 \sim 37.470$ m 段角筋为 4Φ22,b 边中部筋为 5Φ22,h 边中部筋为 4Φ20 等。

⑤ 注写柱箍筋

按 16G101 图集的规定,柱箍筋的类型如图 9-19 所示。

注写柱箍筋,包括钢筋级别、直径与间距。当为抗震设计时,用斜线"/"区分柱端箍筋加密区与柱身非加密区长度范围内箍筋的不同间距。

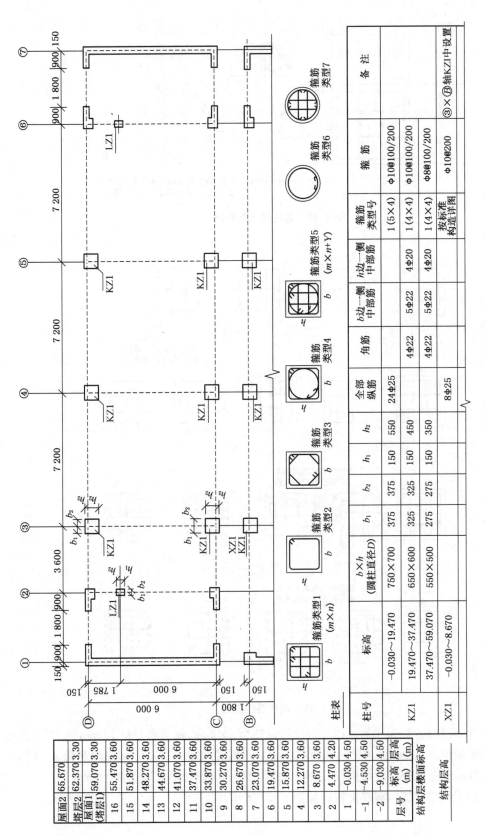

图 9-17 柱平法施工图 1∶100（列表注写方式）

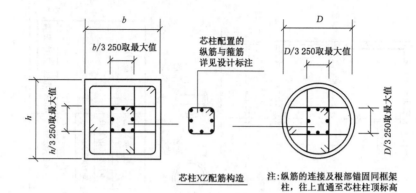

图 9-18 芯柱的配筋构造

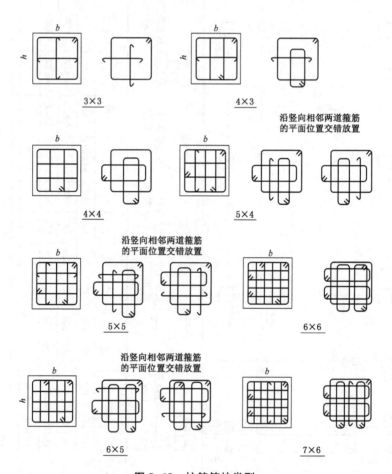

图 9-19 柱箍筋的类型

图 9-17 中,KZ1 标高－0.030~19.470 m 段箍筋为 5×4 箍,箍筋为直径 10 mm 的 HPB 300 级钢筋,加密区间距 100 mm,非加密区间距 200 mm;标高 19.470~37.470 m 段箍筋为 4×4 箍, 箍筋为直径 10 mm 的 HPB 300 级钢筋,加密区间距 100 mm,非加密区间距 200 mm。

按 16G101 图集的规定,箍筋加密区如图 9-20 所示。

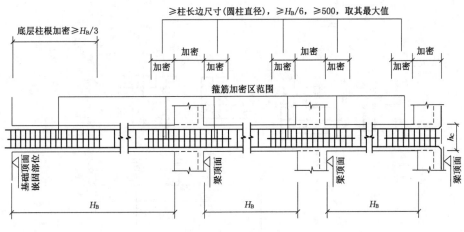

图 9-20 箍筋加密区

（2）截面注写方式

① 截面注写方式的概念

截面注写方式是在柱平面布置图的柱截面上，分别在同一编号的柱中选择一个截面，以直接注写截面尺寸和配筋具体数值来表达柱平法施工图的方式，如图 9-21 所示。

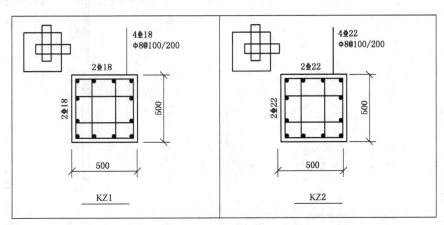

图 9-21 框架柱截面注写方式

② 截面注写内容

按规定进行编号，从相同编号的柱中选择一个截面，按另一种比例原位放大绘制柱截面配筋图，并在各配筋图上继其编号后再注写截面尺寸 $b \times h$、角筋或全部纵筋、箍筋的具体数值，以及在柱截面配筋图上标注柱截面与轴线关系的 b_1、b_2 和 h_1、h_2 的具体数值。当纵筋采用两种直径时，需再注写截面各边中部筋的具体数值（对于采用对称配筋的矩形截面柱，可仅在一侧注写中部筋，对称边省略不注）。

图 9-22 中，从①轴与Ｅ轴相交处 KZ1 的集中标注可以读取出框架柱名称为 KZ1；截面尺寸为 400 mm×400 mm，①轴距离截面左边缘 100 mm，距离截面右边缘 300 mm，Ｅ轴距离截面下边缘 300 mm，距离截面上边缘 100 mm；角筋为 4Φ18；分布筋为Φ8@100/200；b 边和 h 边的中部筋均为 2Φ16，且对称布置。KZ2、KZ3、AZ1、AZ2、AZ3、AZ4 截面注写内容的阅读方法与此相同。

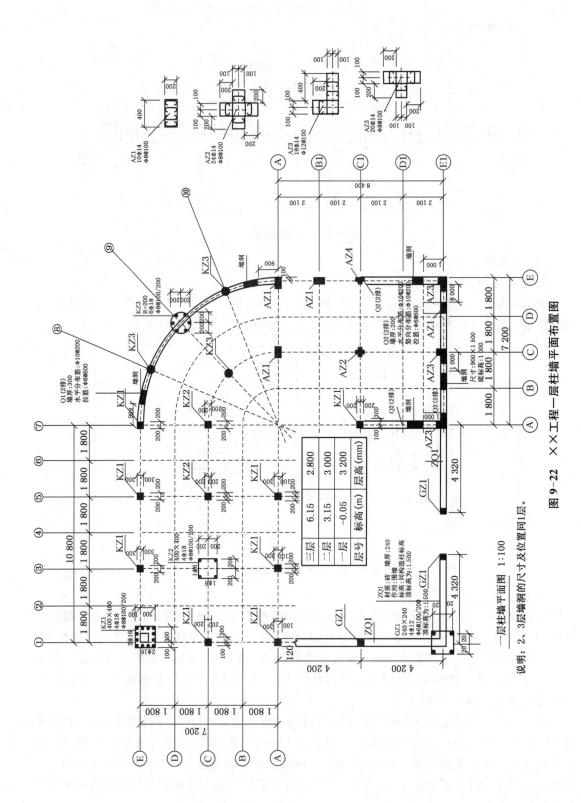

图9-22 ××工程一层墙柱平面布置图

一层柱墙平面图 1:100

层号	标高 (m)	层高 (mm)
三层	6.15	2.800
二层	3.15	3.000
一层	-0.05	3.200

说明：2、3层墙洞的尺寸及位置同1层。

3）梁平法施工图

（1）平面注写方式

平面注写方式系在梁平面布置图上，分别在不同编号的梁中各选一根梁，在其上标注截面尺寸和配筋具体数值来表达梁平法施工图的方式。图 9-23 所示为梁平法施工图注写方式实例。

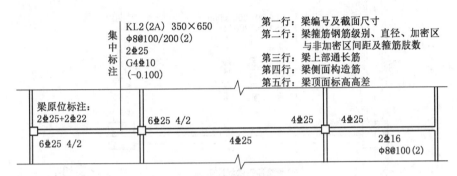

图 9-23　梁平法施工图平面注写方式实例

平面注写包括集中标注和原位标注，集中标注表达梁的通用数值，原位标注表达梁的特殊数值。当集中标注中的某种数值不适用于梁的某部位时，则将该项具体数值原位标注，施工时，原位标注取值优先。

① 集中标注

集中标注表达的梁通用数值包括梁编号、梁截面尺寸、梁箍筋、上部通长筋（或架立筋）、梁侧面构造筋（或受扭筋）和标高六项。梁集中标注的内容前五项为必注值，后一项为选注值。

a. 梁编号。各种类型梁的编号见表 9-7。

表 9-7　梁编号

梁类型	代号	序号	跨数及是否带有悬挑
楼层框架梁	KL	××	(××)(××A)或(××B)
楼层框架扁梁	KBL	××	(××)(××A)或(××B)
屋面框架梁	WKL	××	(××)(××A)或(××B)
框支梁	KZL	××	(××)(××A)或(××B)
非框架梁	L	××	(××)(××A)或(××B)
悬挑梁	XL	××	(××)(××A)或(××B)
井字梁	JZL	××	(××)(××A)或(××B)

注：(××A)为一段有悬挑，(××B)为两端有悬挑，悬挑不计入跨数。例如，KL7(5A)表示第 7 号框架梁，5 跨，一端有悬挑。

b. 梁截面尺寸。当为等截面梁时，用 $b×h$ 表示。

c. 梁箍筋。梁箍筋注写时包括钢筋级别、直径、加密区与非加密区间距及肢数。箍筋加密区与非加密区的不同间距及肢数用斜线"/"分隔;当梁箍筋为同一种间距及肢数时,不需用斜线;当加密区与非加密区的箍筋肢数相同时则将肢数标注一次,箍筋肢数写在括号内。

如图 9-24 所示,Φ6@100/200(2)表示箍筋直径为 6 mm,加密区间距为 100 mm,非加密区间距为 200 mm,双肢箍。

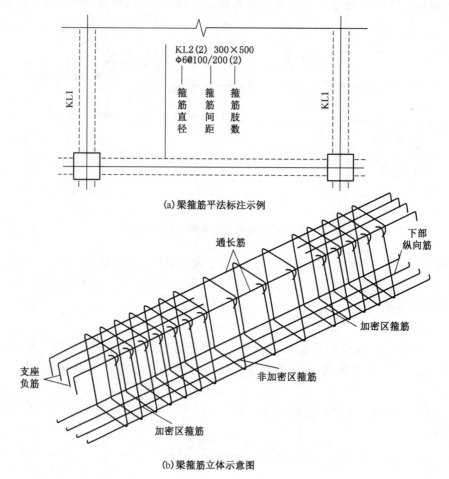

(a)梁箍筋平法标注示例

(b)梁箍筋立体示意图

图 9-24 梁箍筋平法标注示例及其立体示意图

当加密区和非加密区箍筋肢数不一样时,需要分别在括号里面标注,如 Φ8@100(4)/200(2),表示箍筋为直径 8 mm 的 HPB 300 级钢筋,加密区间距为 100 mm,四肢箍;非加密区间距为 200 mm,双肢箍。

在非抗震结构中的各类梁或抗震结构中的非框架梁、悬挑梁、井字梁则采用不同的箍筋间距及肢数来表达。例如,16Φ8@150(4)/200(2)表示箍筋为 8 mm 的 HPB 300 级钢筋,梁两端各有 16 根间距为 150 mm 的四肢箍,梁中间部分为间距 200 mm 的双肢箍。

d. 梁上部通长筋或架立筋配置。通长筋是指直径不一定相同但必须采用搭接、焊接或机械连接来接长且两端在端支座锚固的钢筋。当同排纵筋中既有通长筋又有架立筋时,用加号"+"将通长筋和架立筋相连。标注时将角部纵筋写在加号的前面,架立筋写在加号后面的括号内,以表示不同直径及与通长筋的区别。当全部采用架立筋时,则将其写入括号内。例如,2Φ20+(2Φ12),2Φ20 代表通长,2Φ12 代表架立筋,如图 9-25 所示。

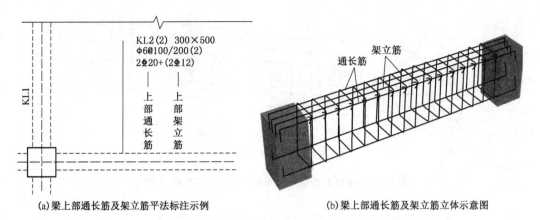

(a)梁上部通长筋及架立筋平法标注示例　　　　(b)梁上部通长筋及架立筋立体示意图

图9-25　梁上部通长筋及架立筋平法标注和立体示意图

当梁的上部纵筋和下部纵筋为全跨相同且多数跨配筋相同时,此项可加注下部纵筋的配筋值,并用";"将上部纵筋与下部纵筋的配筋分割开来。例如,4Φ22;3Φ20,表示梁的上部配置4Φ22的通长筋,梁的下部配置3Φ20的通长筋。

e. 梁侧面纵向构造筋或受扭筋配置。当梁腹板高度≥450 mm时需配置纵向构造筋,此项标注值以大写字母G打头,标注值是梁两个侧面的总配筋值,且对称配置。例如,G4ϕ12,表示梁的两个侧面共配置4ϕ12的纵向构造筋,每侧各配置2ϕ12。

当梁侧面需配置纵向受扭筋时,此项标注值以大写字母N打头,接续标注配置在梁两个侧面的总配筋值,且对称配置。例如,N4Φ16,表示梁的两个侧面共配置4Φ16的受扭筋,每侧各配置2Φ16,如图9-26所示。

f. 梁顶面标高高差。梁顶面标高高差是指相对于结构层楼面标高的高差值,有高差时,将其写入括号内。当某梁的顶面高于所在结构层的楼面标高时,其标高高差为正值,反之为负值。

例如,某结构标准层的楼面标高为44.950 m和48.250 m,当某梁的梁顶面标高高差标注为(−0.700)时,即表明该梁顶面标高分别相对于44.950 m和48.250 m低0.700 m,如图9-27所示。

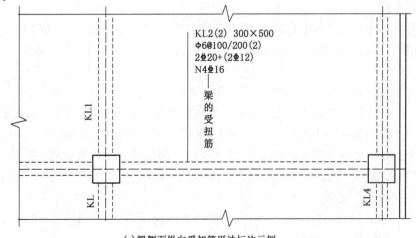

(a)梁侧面纵向受扭筋平法标注示例

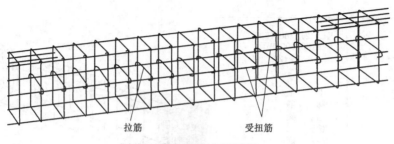

拉筋　　　　　　受扭筋

(b)梁侧面纵向受扭筋立体示意图

图 9-26　梁侧面纵向受扭筋平法标注及其立体示意图

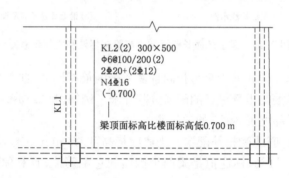

KL2(2)　300×500
Φ6@100/200(2)
2Φ20+(2Φ12)
N4Φ16
(−0.700)

梁顶面标高比楼面标高低0.700 m

KL1

图 9-27　梁顶面标高高差平法标注

② 原位标注

原位标注表达梁的特殊数值。当集中标注中的某项数值不适用于梁的某部位时,则将该项数值原位标注。如梁支座上部纵筋、梁下部纵筋,施工时原位标注取值优先。

a. 梁支座上部纵筋。梁支座上部纵筋包含上部通长筋在内的所有通过支座的纵筋。

(a) 当上部纵筋多于一排时,用斜线"/"将各排纵筋自上而下分开。例如,梁支座上部纵筋标注为 6Φ20 4/2,则表示上一排纵筋为 4Φ20,下一排纵筋为 2Φ20,如图 9-28 所示。

(b) 当同排纵筋有两种直径时,用加号"＋"将两种直径的纵筋相连。标注时将角部纵筋写在前面。例如,梁支座上部标注为 2Φ25＋4Φ22,表示梁支座上部有六根纵筋,2Φ25 放在角部,4Φ22 放在中部。

(c) 当梁中间支座两边的上部纵筋不同时,须在支座两边分别标注;当梁中间支座两边的上部纵筋相同时,只在支座的一边标注配筋值,另一边省去不注。如图 9-29 所示。

b. 梁下部纵筋

(a) 当下部纵筋多于一排时,用斜线"/"将各排纵筋自上而下分开。例如,梁下部纵筋标注为 6Φ25 2/4,表示上一排纵筋为 2Φ25,下一排纵筋为 4Φ25,全部伸入支座,如图 9-30 所示。

(b) 当同排纵筋有两种直径时,用"＋"将两种直径的纵筋相连,标注时角筋写在前面。

(c) 当梁下部纵筋不全部伸入支座时,将梁支座下部纵筋减少的数量写在括号内。

例如,梁下部纵筋标注为 6Φ20 2(−2)/4,表示上一排纵筋为 2Φ20,且不伸入支座;下一排纵筋为 4Φ20,全部伸入支座。

例如,梁下部纵筋标注为 2Φ20＋3Φ20(−3)/5Φ20,表示上一排纵筋为 2Φ20 和 3Φ20,其中 3Φ20 不伸入支座;下一排纵筋为 5Φ20,全部伸入支座。

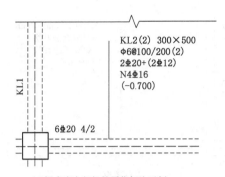

KL2(2) 300×500
Φ6@100/200(2)
2Φ20+(2Φ12)
N4Φ16
(−0.700)

6Φ20 4/2

KL1

(a)梁支座上部纵筋原位标注示例

端支座负筋第一排

端支座负筋第二排

中间支座负筋第一排

中间支座负筋第二排

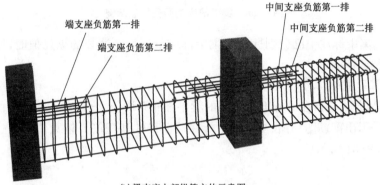

(b)梁支座上部纵筋立体示意图

图 9-28 梁支座上部纵筋原位标注及其立体示意图

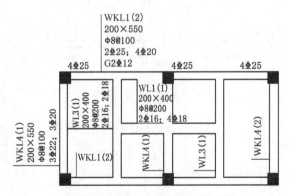

WKL1(2)
200×550
Φ8@100
2Φ25；4Φ20
G2Φ12

4Φ25

4Φ25

4Φ25

WKL4(1)
200×550
Φ8@100
3Φ22；3Φ20

WL3(1)
200×400
Φ8@200
2Φ16；2Φ18

WL1(1)
200×400
Φ8@200
2Φ16；4Φ18

WKL1(2)

WKL4(1)

WL3(1)

WKL4(2)

(a)梁中间支座两边上部纵筋平法标注示例

中间支座负筋

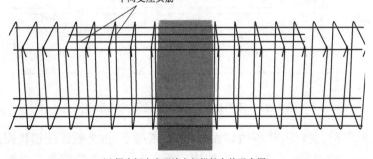

(b)梁中间支座两边上部纵筋立体示意图

图 9-29 梁中间支座两边上部纵筋平法标注及其立体示意图

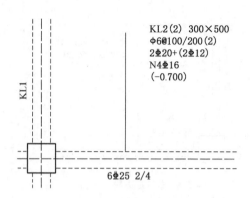

图 9-30 梁下部纵筋原位标注示例

(d) 当梁的集中标注中已分别标注了梁上部和下部均为通长的纵筋值时,则不需再在梁下部重复做原位标注。

(2) 截面注写方式

① 截面注写方式是指在分标准层绘制的梁平面布置图上,分别在不同编号的梁中各选择一根梁用剖面号引出配筋图,并在配筋图上标注截面尺寸和配筋具体数值来表达梁平法施工图的方式,如图 9-31 所示。

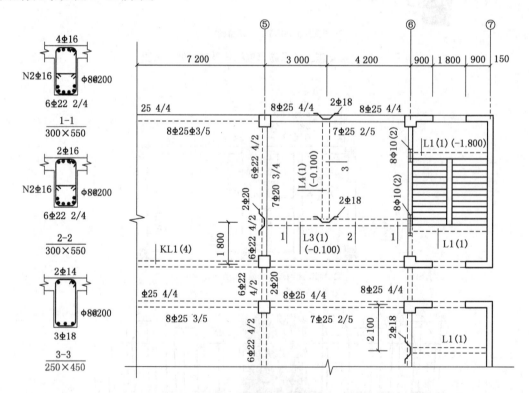

图 9-31 梁平法施工图截面注写方式示例

② 梁进行截面标注时,先将"单边截面号"画在该梁上,再将截面配筋详图画在本图或其他图上。如果某一梁的顶面标高与结构层的楼面标高不同时,就应该继其梁编号后标注梁顶

面标高高差(标注规定与平面注写方式相同)。

③ 在截面配筋详图上标注截面尺寸 $b×h$、上部筋、下部筋、侧面构造筋或受扭筋以及箍筋的具体数值时,其表达形式与平面注写方式相同。

④ 截面注写方式既可以单独使用,也可以与平面注写方式结合使用。在梁平法施工图中一般采用平面注写方式,当平面图中局部区域的梁布置过密时,可以采用截面注写方式,或者将过密区用虚线框出,适当放大比例后再对局部用平面注写方式,但是对异型截面梁的尺寸和配筋,用截面注写方式相对要方便。

4)板平法施工图

楼板也称楼盖,在框架结构中分为有梁楼盖和无梁楼盖两种,一般采用平面注写方式,下面以有梁楼盖为例介绍其平法标注内容。

有梁楼盖中板的平面注写主要包括板块集中标注和板支座原位标注。

(1)板块集中标注

板块集中标注由板块编号、板厚、贯通纵筋和板面标高高差(当板面标高不同时标注)四部分组成,如图 9-32 所示。

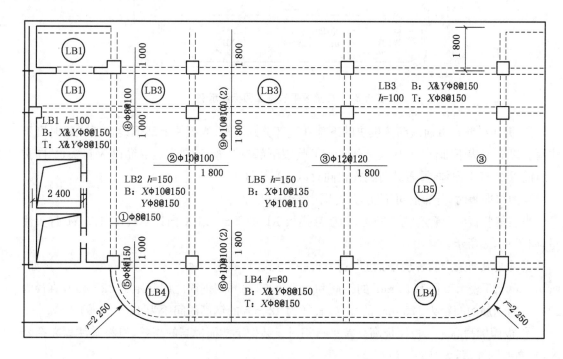

图 9-32 板平法施工图标注示例

① 板块编号。板块编号按表 9-8 规定标注。如图 9-32 中的 LB1、LB2、LB3、LB4、LB5 等。对于普通楼面,两向均以一跨为一板块。所有板块应逐一编号,相同编号的板块可择其一做集中标注,其他仅注写置于圆圈内的板编号以及当板面标高不同时的标高高差。同一编号板块的类型、板厚和贯通纵筋均应相同,但板面标高、跨度、平面形状以及板支座上部非贯通纵筋可以不同,如同一编号板块的平面形状可为矩形、多边形及其他形状等。

表 9-8 板块编号

板类型	代号	序号
楼面板	LB	××
屋面板	WB	××
悬挑板	XB	××

② 板厚。板厚指垂直于板面的厚度,注写为 $h=×××$。当设计已在图中统一注明板厚时,此项可不注。对于悬挑板板端部改变截面厚度的情况,用斜线分隔板根部与端部的厚度值,注写为 $h=×××/×××$,根部值写在斜线前,端部值写在斜线后。如图 9-32 中 LB5 板厚 $h=150$ mm;图 9-33 中 XB2 板根部厚度 $h=120$ mm,端部厚度 $h=80$ mm。

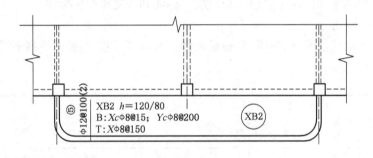

图 9-33 悬挑板平法施工图标注示例

③ 贯通纵筋。贯通纵筋按板块的下部和上部分别注写,当板块上部不设贯通纵筋时则不注写。以 B 代表下部,以 T 代表上部,B&T 代表下部与上部;X 向贯通纵筋以 X 打头,Y 向贯通纵筋以 Y 打头,两向贯通纵筋配置相同时以 X&Y 打头。

当为单向板时,分布筋可不注写,在图中统一注明。

当在某些板内配置有构造筋时,如在悬挑板 XB 的下部,则 X 向以 Xc、Y 向以 Yc 打头注写,如图 9-33 所示。

当贯通纵筋采用两种规格钢筋"隔一布一"方式时,表达为 $\phi××/××bb@××$。例如,$\phi10/12@125$ 表示直径为 10 mm 的钢筋和直径为 12 mm 的钢筋之间间距为 125 mm,直径为 10 mm 的钢筋的间距为 125 mm 的 2 倍,直径为 12 mm 的钢筋的间距为 125 mm 的 2 倍。

④ 板面标高高差。板面标高高差是指相对于结构层楼面标高的高差,应将其注写在括号内,有高差则注写,无高差不注写。

例如,有楼面板块注写为:LB9 $h=120$ B:$X\phi12/14@100$;$Y\phi12@110$。所表达的内容为 9 号楼面板,板厚 120 mm,板下部配置贯通纵筋,X 向为 $\phi12$ 和 $\phi14$ 隔一布一,$\phi12$ 和 $\phi14$ 间距为 100 mm,Y 向为 $\phi12$,间距为 110 mm;板上部未配置贯通纵筋。

(2) 板支座原位标注

板支座原位标注内容为板支座上部非贯通纵筋和悬挑板上部受力筋。板支座原位标注的钢筋应在配置相同跨的第一跨注写,当在梁悬挑部位单独配置时则在原位注写。

① 在配置相同跨的第一跨,垂直于板支座(梁或墙)的中粗实线代表支座上部非贯通纵

筋,线段上方注写钢筋编号(如①②等)、配筋值、横向连续布置的跨数(注写在括号内,当为一跨时可不注),以及是否横向布置到梁的悬挑端。(××)为横向布置的跨数,(××A)为横向布置的跨数和一端悬挑梁,(××B)为横向布置的跨数和两端悬挑梁。如图9-32中的⑥号筋⑥φ10@100(2)。

② 板支座上部非贯通纵筋自支座中线向跨内的伸出长度,注写在线段的下方。当中间支座上部非贯通纵筋向支座两侧对称伸出时,可仅在支座一侧线段下方标注伸出长度,另一侧不注,如图9-32中②号和③号筋。当中间支座上部非贯通纵筋向支座两侧非对称伸出时,应在支座两侧线段下方标注伸出长度,如图9-34所示。

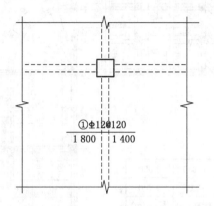

图9-34 支座上部非贯通纵筋非对称伸出

当板支座为弧形,支座上部非贯通纵筋呈放射状分布,应注写"放射分布"四个字,并注明配筋间距的度量位置,如图9-35所示。

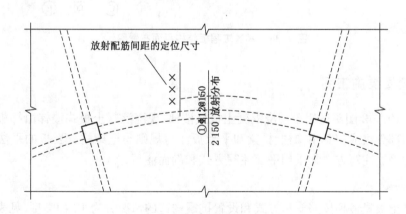

图9-35 弧形支座处放射配筋

板的平法施工图除了采用16G101图集的方式标注外,在实际工程中还经常采用图9-36所示的标注方法。

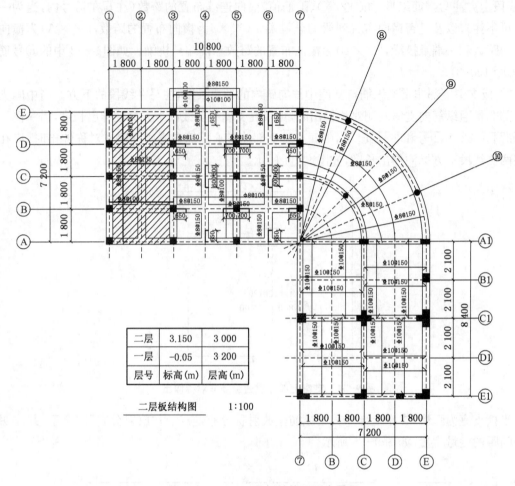

二层	3.150	3 000
一层	-0.05	3 200
层号	标高(m)	层高(m)

二层板结构图   1:100

图 9-36 ××工程板结构平面布置图

9.2.4 识读楼梯施工图

国标 16G101—2 图集适用于现浇混凝土板式楼梯,现浇混凝土板式楼梯由梯板、平台板、梯梁和梯柱四部分组成。其中梯柱、梯梁和平台板注写规则与框架柱、梁、板的平法注写规则相同。梯板的平法注写方式常采用平面注写方式和剖面注写方式。

1) 楼梯类型

现浇混凝土板式楼梯按照支承方式和设置抗震构造的情况分为 12 种类型,见表 9-9。

表 9-9 楼梯类型与编号

梯板代号	编号	适用范围	
		抗震构造措施	适用结构
AT	××	无	剪力墙、砌体结构
BT	××		

续表 9-9

梯板代号	编号	适用范围	
		抗震构造措施	适用结构
CT	××	无	剪力墙、砌体结构
DT	××		
ET	××	无	剪力墙、砌体结构
FT	××		
GT	××	无	剪力墙、砌体结构
ATa	××	有	框架结构、框剪结构中的框架部分
ATb	××		
ATc	××		
CTa	××	有	框架结构、框剪结构中的框架部分
CTb	××		

例如,AT~FT 型楼梯的平面和剖面示意图如图 9-37 所示。

2）楼梯平面注写方式

现浇混凝土板式楼梯的平面注写方式是在楼梯平面图上注写截面尺寸和配筋具体数值来表达楼梯施工图的方式,包括集中标注和外围标注两部分,如图 9-38 所示。

（1）集中标注的内容

① 梯板类型代号与序号。如图 9-38(b)中的 AT3。

② 梯板厚度,注写为 $h=\times\times\times$。如图 9-38(b)中的 $h=120$。

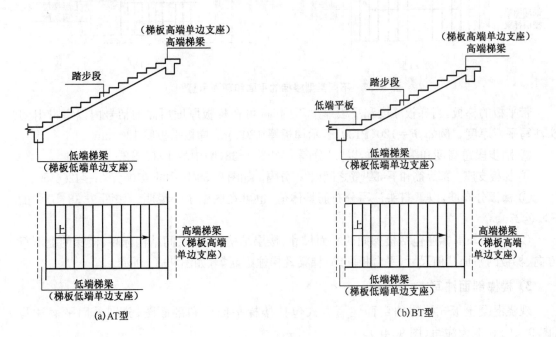

(a)AT型　　　　　　　　　　(b)BT型

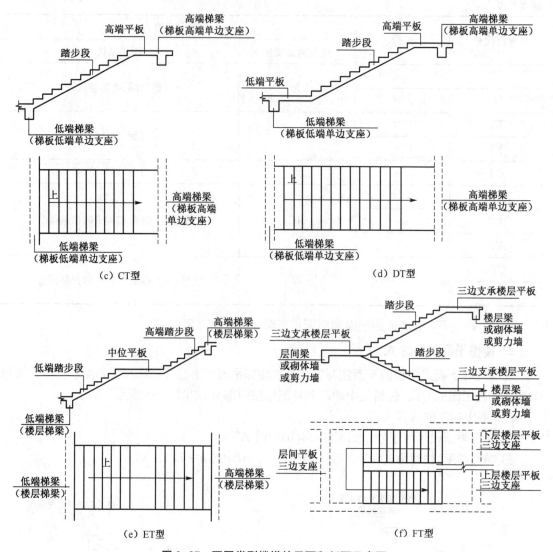

图 9-37　不同类型楼梯的平面和剖面示意图

　　带平板的梯板,当梯板厚度和平板厚度不同时,可在梯板厚度后面的括号内以字母 P 打头注写平板厚度。例如,$h=120(P130)$ 表示梯板厚 120 mm,梯板平板厚 130 mm。

　　③ 踏步段总高度和踏步级数,以"/"分隔。如图 9-38(b)中的 1 800/12。

　　④ 梯板支座上部纵筋和下部纵筋之间以";"分隔。如图 9-38(b)中的 Φ10@200;Φ12@150。

　　⑤ 梯板分布筋,以 F 打头注写分布筋具体值,也可在图中统一说明。如图 9-38(b)中的 Fϕ8@250。

　　(2) 楼梯外围标注包括楼梯间的平面尺寸、楼层结构标高、层间结构标高、楼梯的上下行方向、梯板的平面几何尺寸、平台板配筋、梯梁及梯柱配筋等,如图 9-38 所示。

　　3) 楼梯剖面注写方式

　　现浇混凝土板式楼梯的剖面注写方式包括楼梯平面图和剖面图,分别采用平面注写(图 9-39)和剖面注写(图 9-40)。

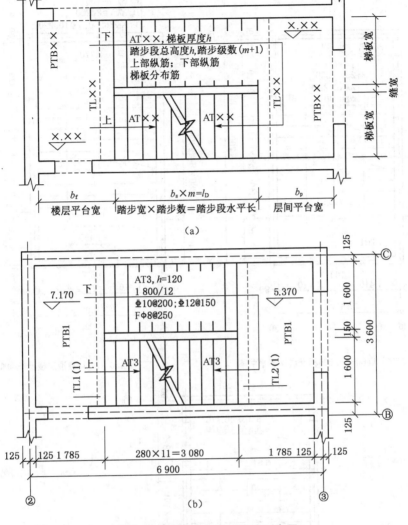

图 9-38　楼梯平面注写方式示意图

（1）平面注写的内容与平面注写方式中外围标注的内容基本相同，包括楼梯间的平面尺寸、楼层结构标高、层间结构标高、楼梯的上下行方向、梯板的平面几何尺寸、梯板类型及编号、平台板配筋、梯梁及梯柱配筋等。

（2）剖面注写内容包括梯板集中标注、梯梁梯柱编号、梯板水平和竖向尺寸、楼层结构标高、层间结构标高等。

集中标注包括以下五项内容：

① 梯板类型代号与序号。如图 9-40 中 AT1、CT2 等。

② 梯板厚度，注写为 $h=\times\times\times$。如图 9-40 中 AT1 的 $h=100$ mm，CT2 的 $h=100$ mm。

③ 带平板的梯板，当梯板厚度和平板厚度不同时，可在梯板厚度后面的括号内以字母 P 打头注写平板厚度。

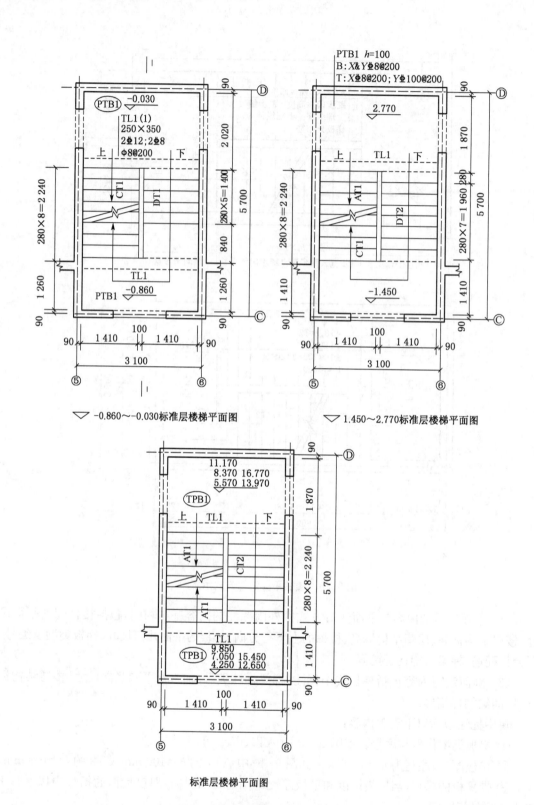

▽ -0.860～-0.030标准层楼梯平面图

▽ 1.450～2.770标准层楼梯平面图

标准层楼梯平面图

图 9-39 楼梯施工图平面注写示例

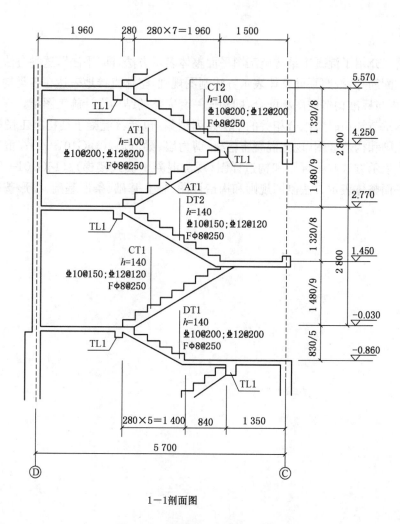

1—1剖面图

图 9-40　楼梯施工图剖面注写示例

④ 梯板支座上部纵筋和下部纵筋之间以";"分隔。如图 9-40 中的 AT1 支座上部纵筋和下部纵筋标注为 $\Phi10@200$；$\Phi12@200$。

⑤ 梯板分布筋，以 F 打头注写分布筋具体值，也可在图中统一说明。如图 9-40 中的 AT1 分布筋标注为 $F\phi8@250$。

【复习思考题】

9.1　结构施工图包括哪些内容？

9.2　梁平法表示时集中标注与原位标注包括哪些内容？

9.3　结构平面布置图的内容有哪些？

【本章小结】

本章节重点介绍了混凝土结构施工图平面整体表示方法，即"平法"，这种方法就是把结构构件的尺寸和配筋等，按照平面整体表示方法制图规则，整体直接地表达在各类构件的结构平面布置图上，再与标准构造详图相配合，即构成一套完整的结构设计施工图纸。

在学习本章节知识时应结合相关的平法系列图集，包括：《混凝土结构施工图平面整体表示方法制图规则和构造详图（现浇混凝土框架、剪力墙、梁、板）》(16G101—1)；《混凝土结构施工图平面整体表示方法制图规则和构造详图（现浇混凝土板式楼梯）》(16G101—2)；《混凝土结构施工图平面整体表示方法制图规则和构造详图（独立基础、条形基础、筏形基础及桩基承台）》(16G101—3)。

10 建筑装饰施工图

导论

在建筑设计工作的过程中,施工图的绘制是表达设计者设计意图的重要手段之一,是设计者与各相关专业之间交流的标准化语言,是控制施工现场能否充分正确理解消化并实施设计理念的一个重要环节,是衡量一个设计团队设计管理水平是否专业的一个重要标准。专业化、标准化的施工图纸不但可以帮助设计者深化设计内容、完善构思想法,同时也对设计团队保持设计品质及提高工作效率方面起到积极有效的作用,最终的目的是为了让施工现场的衔接更加高效合理,让项目工程更快、更精准地落到实处,避免不必要的纠纷和消耗。

【教学目标】 掌握施工图的有关标准规定和制图符号,能够读懂并绘制简单的建筑、室内空间的平面图、顶棚图、立面图。

【教学重点】 图纸的完整性,图纸的规范性。

【教学难点】 平面图的勘测绘制、布局规划;顶棚图的尺寸、标高;立面图有关物体的尺寸、做法、用材、色彩、规格等。

10.1 建筑装饰的制图内容

10.1.1 施工图

建筑装饰的施工图完整、详细地表达了结构构造、内部布置、材料、施工工艺以及技术要求等,它是水电工、木工、油漆工等相关施工人员进行施工的依据,具体指导每个工种、工序的施工。建筑工程施工图要求图纸齐全、表达准确,一般使用 AutoCAD 进行绘制。图 10-1 为××住宅施工图中的平面布置图。

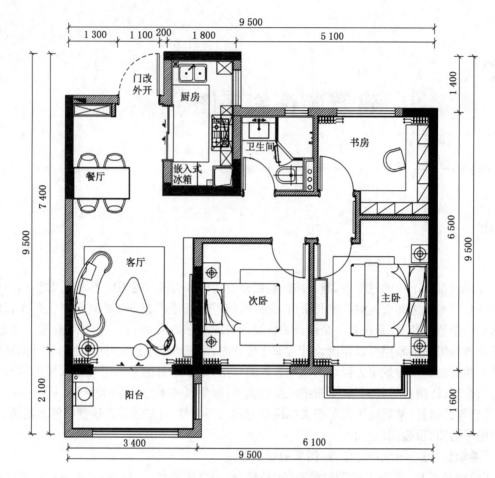

图 10-1　××住宅施工图的平面布置图

10.1.2　施工图的分类

　　建筑装饰施工图可以分为平面图、立面图、剖面图及节点详图。

　　平面图应反映功能是否合理、人的活动路线是否流畅、空间布局是否恰当、空间大小是否适用、家具位置安排是否符合需要、地面材质如何处理、每一空间面积多大、空间的隔离应用何种材料等内容。如何将各类图线、符号、文字标记组合运用，使平面图清晰、明确，充分反映设计者的意图，是每位设计师必须掌握的绘图知识。

　　立面图是室内墙面与物的正投影图，它标明了室内的标高，吊顶装修的尺寸及层次造型的相互关系尺寸，墙面的式样及材料、位置尺寸，墙面与门、窗、隔断的高度尺寸，墙与顶、地的衔接方式等。

　　剖面图是将面剖切，以表达结构构成的方式、材料的形式和主要支承构件的相互关系等。剖面图标注有详细尺寸、工艺做法及施工要求。

　　节点详图是两个以上面的会交点，按垂直或水平方向切开，以标明面之间的对接方式和固定方法。节点详图应详细表现出面连接处的构造，注有详细的尺寸和收口、封边的施工方法。

10.1.3　施工图的组成

一套完整的建筑工程的施工图包括原始建筑结构图、平面布置图、顶棚布置图、地面材料铺装图、电气图、给排水图、立面图、节点大样图等。

1）原始建筑结构图

在经过实地测量之后,设计师需要将测量结果用图纸表示出来,包括房型结构、空间关系、尺寸等,这是绘制的第一张施工图,即原始建筑结构图。其他施工图都是在原始建筑结构图的基础上进行绘制的,包括平面布置图、顶棚布置图、地面材料铺装图、电气图、立面图、节点大样图等。

2）平面布置图

平面布置图是建筑工程施工图纸中的关键图纸,它是在原建筑结构的基础上,根据业主的要求和设计师的设计意图,对室内空间进行详细的功能划分和室内设施定位。

3）顶棚布置图

顶棚布置图主要用来表示顶棚的造型和灯具的布置,同时也反映了建筑室内空间组合的标高关系和尺寸等。其内容主要包括各种图形、灯具、说明文字、尺寸和标高。有时为了更详细地表示某处的构造和做法,还需要绘制该处的剖面详图。与平面布置图一样,顶棚平面图也是室内设计图中不可缺少的。

4）地面材料铺装图

地面材料铺装图是用来表示地面结构做法的图样,包括地面用材和形式。其形成方法与平面布置图相同,所不同的是地面材料铺装图不需要绘制室内家具,只需绘制地面所使用的材料和固定于地面的设备与设施图形。

5）电气图

电气图主要用来反映室内的配电情况,包括配电箱规格、型号、配置,以及照明、插座、开关等线路的铺设方式和安装说明等。

6）立面图

立面图是一种与垂直界面平行的正投影图,它能够反映垂直界面的形状、装修做法和垂直界面上的陈设,是一种很重要的图样。立面图所要表达的内容为四个面(左右墙面、地面和顶棚)所围合成的垂直界面的轮廓和轮廓里面的内容,包括按正投影原理能够投影到画面上的所有构配件,如门、窗、隔断和窗帘、壁饰、灯具、家具、设备与陈设等。

7）节点大样图

由于空间尺度较大,平面布置图、顶棚布置图、立面图等图样必须采用缩小的比例绘制,一些细节无法表达清楚,需要用节点大样图来说明。室内节点大样图就是为了清晰地反映设计内容,将室内水平界面或垂直界面进行局部的剖切后,用以表达材料之间的组合、搭接以及材料说明等局部结构的剖视图。

10.2 建筑装饰的各类制图符号

在进行建筑工程制图时,为了更清楚明确地表明图中的相关信息,将以不同的符号来进行表示。

10.2.1 图标符号

图标符号是用来表示图样的标题编号。对平面图、顶棚图的图样,图名在其图样下方以图标符号的形式表达,图标符号由两条长短相同的平行水平直线和图名及比例共同组成,上面的水平线为粗实线,下面的水平线为细实线,如图 10-2 所示。

平面布置图 1:100

图 10-2 图标符号

(1) 粗实线的宽度为 1.5 mm(A0、A1、A2 幅面)和 1 mm(A3、A4 幅面)。

(2) 两线相距分别是 1.5 mm(A0、A1、A2 幅面)和 1 mm(A3、A4 幅面)。

(3) 粗实线的上方是图名,右边为比例。

(4) 图名的文字设置为粗黑字体,写在粗实线的上方偏左,字号为 8～10 mm(A0、A1、A2 幅面)和 6～8 mm(A3、A4 幅面)。

(5) 比例数字设置为简体,字高为 4～6 mm(A0、A1、A2 幅面)和 4～5 mm(A3、A4 幅面)。

10.2.2 图号

图号是被索引出来表示本图样的标题编号。在建筑制图中,图号类别范围有立面图、剖面图、断面图、剖面详图、大样图等,由图号圆圈、编号、水平直线、图名图例及比例读数共同组成,如图 10-3 所示。

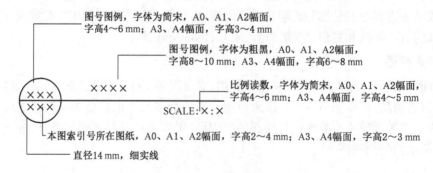

图 10-3 图号表示方法

10.2.3　定位轴线

定位轴线采用单点画线绘制,端部用细实线画出直径为 8～10 mm 的圆圈。横向轴线编号应用阿拉伯数字从左往右编写;纵向编号应用大写拉丁字母从下至上顺序编写,但不得使用 I、O、Z 三个字母,如图 10-4 所示。

组合较复杂的平面图中的定位线可采用分区编号,如图 10-5 所示。

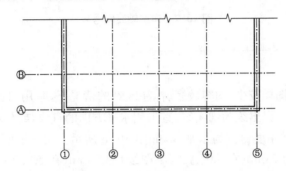

图 10-4　定位轴线的编号顺序

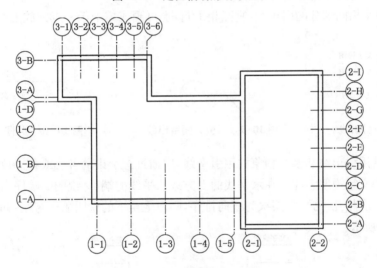

图 10-5　轴线的分区编号

附加定位轴线编号,应以分数形式按规定编写。两根轴线之间的附加轴线,分母表示前一轴线的编号,分子表示附加轴线的编号,编号宜用阿拉伯数字顺序编写,如图 10-6 所示。

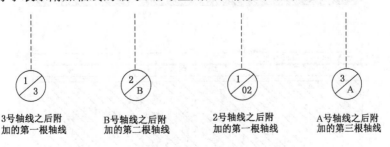

图 10-6　附加轴线的编号

一个详图适用于几根轴线时,应同时注明有关轴线的编号,如图 10-7 所示。

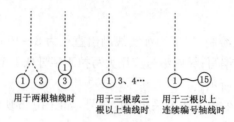

用于两根轴线时　　用于三根或三　用于三根以上
　　　　　　　　　根以上轴线时　连续编号轴线时

图 10-7　详图轴线编号

10.2.4　引出线

建筑工程施工图在图样较少、内容较多、标注困难的情况下,常用引出线把需要说明的内容引出注写在图样之外。引出线为细实线,宜采用水平方向的直线,或与水平方向成 30°、45°、60°、90°的直线,或经上述角度再折为水平线,如图 10-8 所示。文字说明注写在横线上方、下方或横线的端部,字高为 7 mm(在 A0、A1、A2 图纸)和 5 mm(在 A3、A4 图纸)。索引详图的引出线,应与水平直径线相连接,如图 10-9 所示。

同时引出几个相同部分的引出线,宜互相平行,也可画成集中于一点的放射线,如图 10-10 所示。

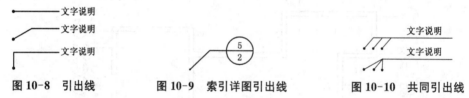

图 10-8　引出线　　　图 10-9　索引详图引出线　　　图 10-10　共同引出线

多层构造共用引出线和多个物象共用引出线,应通过被引出的各层或各部位,并且用圆点示意对应位置。文字说明宜注写在水平线的上方或水平线的端部,说明的顺序由上至下,并且应与被说明的层次相互一致;如层次为横向排序,则由上至下的说明顺序与左右的层次相互一致,如图 10-11 所示。

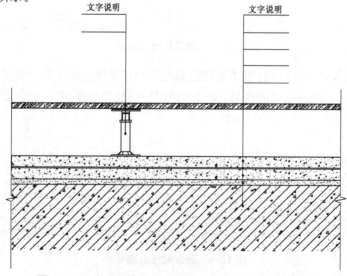

图 10-11　多层构造共用引出线和多个物象共用引出线

引出线的绘制应符合现行国家标准《房屋建筑制图统一标准》(GB/T 50001—2017)的规定。

10.2.5　详图索引符号

详图索引符号可用于平面上将分区分面详图进行索引,也可用于节点大样的索引,如图 10-12 所示,以粗实线绘制,圆圈直径为 12 mm(A0、A1、A2 幅面)和 10 mm(A3、A4 幅面)。

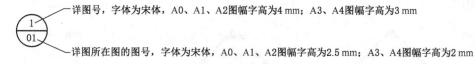

图 10-12　详图索引符号

为了进一步表示清楚图样中的某一局部,将其引出并放大比例绘出,用大样图索引符号来表示。在建筑工程设计制图中,大样图索引符号由大样符号、引出线和引出圈构成,如图 10-13 所示。

图 10-13　大样图编号

10.2.6　立面索引指向符号

用于在平面图中标注相关立面图、剖立面图对应的索引位置和序号。由圆圈与直角三角形共同组成,圆圈直径为 14 mm(A0、A1、A2 幅面)和 12 mm(A3、A4 幅面),三角形的直角所指方向为投视方向,如图 10-14 所示。

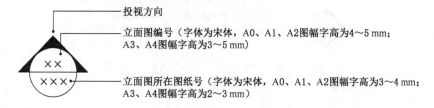

图 10-14　立面索引符号

上半圆内的数字,表示立面图编号,采用阿拉伯数字或大写拉丁字母。下半圆内的数字表示立面图所在的图纸号。直角所指方向为立面图投视方向,直角所指方向随立面投视方向而变,但圆中水平直线、数字及字母永远不变方向,上下圆内表述内容不能颠倒,如图 10-15 所示。

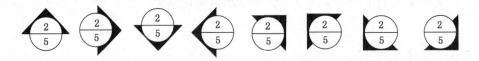

图 10-15　立面图索引符号表示方法

立面图索引编号宜采用按顺时针顺序连续排列,且数个立面索引符号可组合成一体,如图 10-16 所示。

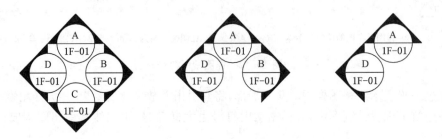

图 10-16　立面索引编号

10.2.7　详图剖切符号

为了更清楚地表达出平、剖、立面图中某一局部或构件,需另画详图,以剖切索引号来表达,即索引符号和剖切符号的组合。剖切部位用粗实线绘制出剖切位置,长度宜为 6～10 mm,宽度为 1.5 mm(A0、A1、A2 幅面)和 1 mm(A3、A4 幅面),用细实线绘制出剖切引出线,引出索引号,剖切引出线与剖切位置线平行,两线相距 2 mm(A0、A1、A2 幅面)和 1.5 mm(A3、A4 幅面)。引出线一侧表示剖切后的投视方向,即由位置线向引出线方向投视。绘制时剖切符号不宜与图面上的图线相接触,如图 10-17 所示。也可以采用国际统一和常用的剖视方法,如图 10-18 所示。

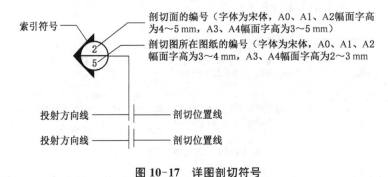

图 10-17　详图剖切符号

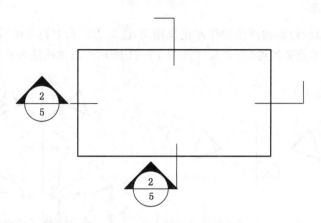

图 10-18　国际常用的剖视符号

10.2.8　其他符号

1）折断符号

所绘图样因图幅不够或因剖切位置不必全画时，采用折断线来终止画面。折断线以细实线绘制，且必须经过全部被折断的图画，如图 10-19 所示。

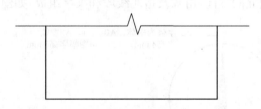

图 10-19　折断符号

2）连接符号

应以折断表示需要连接的部位，以折断两端靠图样一侧的大写英文字母表示连接编号，两个被连接的图样必须用相同的字母编号，如图 10-20 所示。

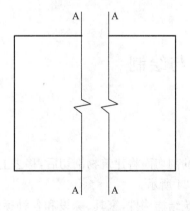

图 10-20　连接符号

3）中心对称符号

中心对称符号表示对称轴两侧的图样完全相同,由对称线和对称号组成,对称号以粗实线绘制,中心对称线用单点画线绘制,其尺寸如图 10-21 所示。具体用法参见图 10-22。

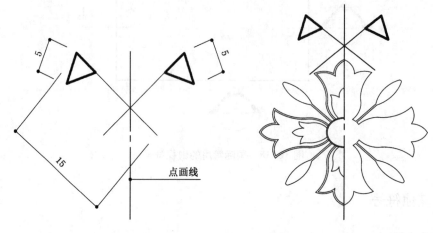

图 10-21 中心对称符号　　　　　图 10-22 中心对称符号使用方法

4）指北针

指北针表示平面图朝北的方向,由圆及指北线段和汉字组成,如图 10-23。

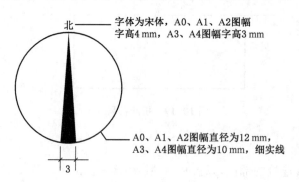

字体为宋体,A0、A1、A2图幅
字高4 mm,A3、A4图幅字高3 mm

A0、A1、A2图幅直径为12 mm,
A3、A4图幅直径为10 mm,细实线

图 10-23 指北针

10.3　平面图的识读与绘制

10.3.1　平面图的形成

通常假想用一平行于地面的剖切面将建筑物剖切后,移去上部分,自上而下看而形成的正投影图,即为平面图。如图 10-24 所示。

平面图由墙、柱、门窗等建筑结构构件,家具、陈设和各种标注符号等所组成,主要表明建筑的平面形状、构造状况（墙体、柱子、楼梯、台阶、门窗的位置等），室内陈设关系和室内的交通流线关系，室内陈设、设施、隔断的位置，以及地面的铺装情况。

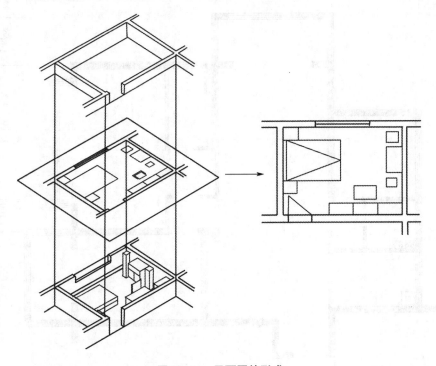

图 10-24　平面图的形成

10.3.2　平面图的命名

由于平面图表达的内容较多，很难在一张图纸上表达完整，也为了方便表达施工过程中各施工阶段、施工内容以及各专业供应方阅图的需求，可将平面图细分为各项分平面图。各项分平面图内容仅指设计所需表示的范围，如原始建筑平面图、平面布置图、平面隔墙图、地面铺装图、立面索引平面图、开关插座布置图等。当设计对象较为简易时，视具体情况可将某几项内容合并在同一张平面图上来表达。

1）原始建筑平面图

（1）表达出原建筑的平面结构内容，绘出承重墙、非承重墙及管井位置等。

（2）表达出建筑轴线编号及轴线间的尺寸。

（3）表达出建筑标高。

（4）标示出指北针等。

图 10-25 所示为××住宅的原始建筑平面图，图中将不能拆移的墙体填充为黑色。此图还绘制了入户门，标明了管道位置，细部尺寸在现场核实后再标明。需要说明的是，这幅图是一栋住宅楼某一层的局部，和这套住宅无关的内容都省略了，包括相邻住宅、单元走道、楼梯等。

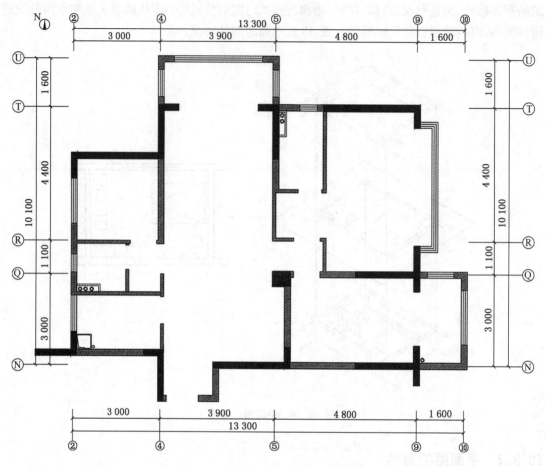

图 10-25 ××住宅原始建筑平面图

2）平面隔墙图

（1）表达出该部分按室内设计要求重新布置的隔墙位置，以及被保留的原建筑隔墙位置，表达出承重墙与非承重墙的位置。

（2）原墙拆除以虚线表示。

（3）表达出隔墙材质图例及龙骨排列。

（4）表达出门洞、窗洞的位置及尺寸。

（5）表达出隔墙的详细定位尺寸。

（6）表达出建筑轴号及轴线尺寸。

（7）表达出各地坪装修标高的关系。

图 10-26 所示为标出详细内部隔墙尺寸的平面隔墙图。

3）平面布置图

（1）详细表达出该部分剖切线以下的平面空间布置内容及关系。

（2）表达出隔墙、隔断、固定家具、固定构件、活动家具、窗帘的形状和位置。

（3）表达出活动家具及陈设品图例。

（4）表达出门扇的开启方式和方向。

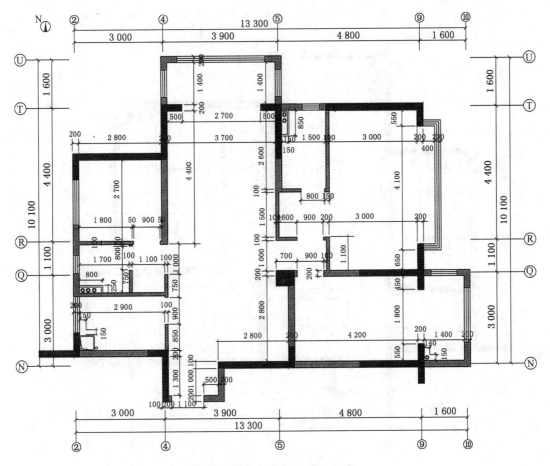

图 10-26 ××住宅平面隔墙图

(5) 表达出电脑、电话、光源、灯饰等设施的图例。

(6) 表达出地坪上陈设(如地毯)的位置、尺寸及编号。

(7) 表达出立面中各类壁灯、镜前灯等的平面投影位置及图形。

(8) 表达出暗藏于平面、地面、家具及装修中的光源。

(9) 注明装修地坪标高。

(10) 表达出各功能区域的编号及文字注释,如"客厅""餐厅"等注释字样。

图 10-27 所示为××住宅平面布置图,是建筑工程施工图纸中最为重要的图样,清晰地反映出各功能区域的安排、流动路线的组织、通道和间隔的设计、门窗开启方式和方向、固定和活动家具、陈设品的布置及地面标高等。

4) 地面铺装图

(1) 表达出该部分地坪界面的空间内容及关系。

(2) 表达出地坪材料的品种、规格。

(3) 表达出埋地式内容(如埋地灯、暗藏光源、地插座等)。

(4) 表达出地坪拼花或大样索引号。

(5) 表达出地坪装修所需的构造节点索引。

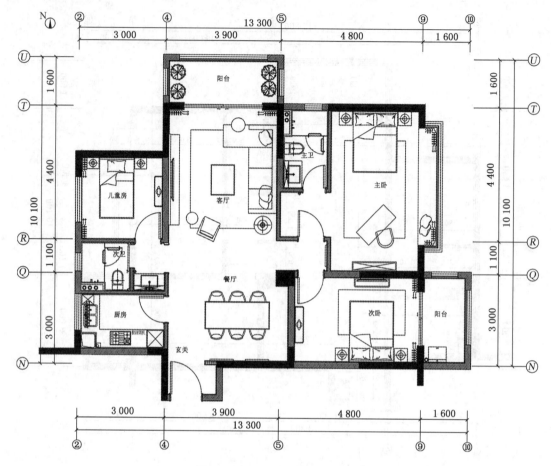

图 10-27　××住宅平面布置图

（6）注明地坪标高关系。

（7）注明轴号及轴线尺寸。

图 10-28 所示地面铺装图是平面布置图的必要补充,省略了活动家具的绘制,只绘制出了固定家具和地面材料的铺装,如主卧、次卧都使用木地板铺装并表示出木地板的铺装方向,卫生间、阳台和厨房使用防滑砖,飘窗使用人造石铺装。

5）立面索引平面图

（1）详细表达出该部分剖切线以下的平面空间布置内容及关系。

（2）表达出隔墙、隔断、固定构件、固定家具、窗帘等。

（3）详细表达出各立面、剖立面的索引号和剖切号,表达出平面中需被索引的详图号。

（4）注明地坪标高关系。

（5）表达出轴号及轴线尺寸。

（6）不表示任何活动家具、灯具、陈设品等。

（7）以虚线表达出在剖切位置线之上的,需要强调的立面内容、地面铺装材料图内容。

××住宅立面索引平面图如图 10-29 所示。

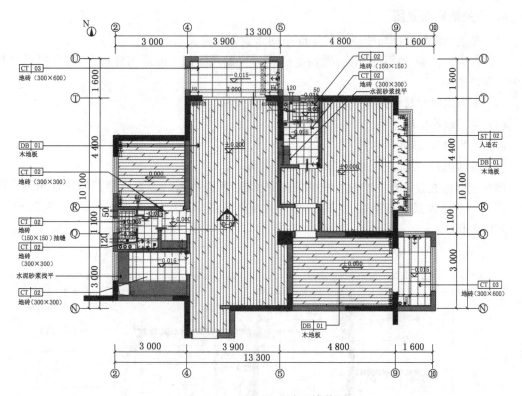

图 10-28　××住宅地面铺装图

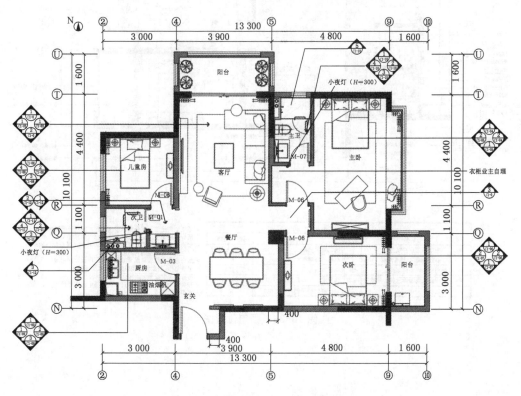

图 10-29　××住宅立面索引平面图

6）开关插座布置图

（1）表达出该部分剖切线以下的平面空间布置内容及关系。

（2）表达出各墙、地面的开关，强弱电插座的位置及图例。如果图样过多，也可以拆分强电图及弱电图。

（3）不表示地坪材料的排版和活动的家具、陈设品。

（4）注明地坪标高关系。

（5）注明轴号及轴线尺寸。

（6）表达出开关、插座在本图纸中的图表注释。

插座和弱电在设计制图中没有统一的国家标准，所以在图的下方绘制图例来说明图中的符号。图 10-30 为强电布置图，表 10-1 为强电配电图例，图 10-31 为弱电布置图，表 10-2 为弱电配电图例。

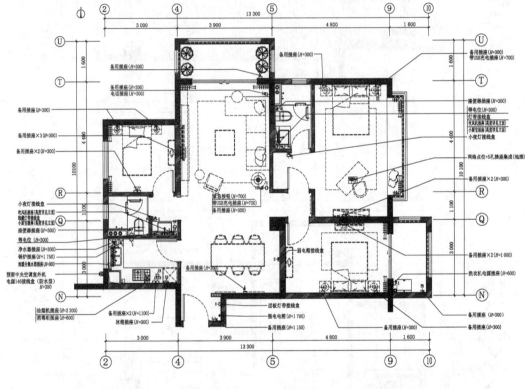

配电图例					
图例	名称	图例	名称	图例	名称
	单相电源通用接线盒		冰箱墙面插座	◆	小夜灯
	USB数据墙面/地面端口		单相五眼墙面		
	单相五眼墙面防溅插座		单相五眼地面		
	单相五眼墙面带开关防溅插座		强电箱，下口距地H=700 mm		
	洗衣机墙面插座		电位联结端子箱（等电位）		

■ 图纸中斜线填充部分表示不包含在本案设计范围内
■ 所有插座高度按建筑（楼）地面完成面算起
■ 墙面普通插座默认盒底高度离地300 mm，特殊标注除外
■ 卫生间所有插座均为防溅型插座
■ 厨房电源点位须与配套专业橱柜厂商设计深化确认
■ 层板灯带/暗藏灯带接线盒根据立面图确定
■ 所有开关面板高度均按面板底高计算
■ 开关集中放置时，所标尺寸为开关中心离墙尺寸
■ 本图仅供参考，以电气专业图纸为准

图 10-30 强电位置图

表 10-1 强电配电图例

图例	名　称	图例	名　称	图例	名　称
⊻E	单相电源接线盒	⊻BX	冰箱墙面插座	LEB	电位连结端子箱
⊻USB	USB 数据端口	⊻5	单相五眼墙面	⊞	小夜灯
⊻5W	单相五眼墙面插座	▼	单相五眼地面		
⊻kW	单相五眼墙面带开关插座	◣	强电箱		

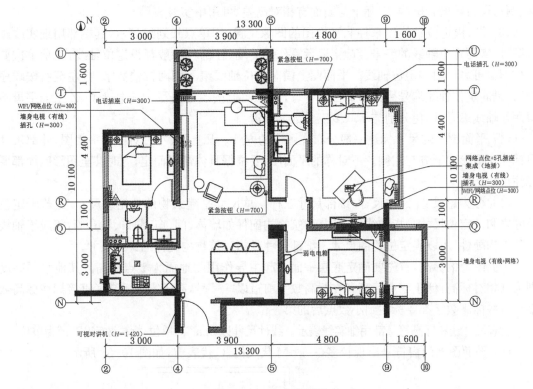

图 10-31　弱电位置图

表 10-2 弱电配电图例

图例	名　称	图例	名　称	图例	名　称
⊻TD	电话＋网络墙面	⊻D	单口网络墙面	LEB	电位连结端子箱
⊻TV	有线＋卫星数字电视墙接口	⊙	紧急报警按钮	WIFI	地面 WIFI 及网络接口
⊻WIFI	墙面 WIFI 及网络接口	IN	可视对讲机(户内)	⌄	可燃气体探测器
⊻TV+D	有线＋网络墙面接口	▦	弱电箱	◁IR	红外壁挂幕帘探测器

10.3.3 平面图的图示方法

平面图上的内容是通过图线来表达的,其图示方法主要有以下几种:

(1) 被剖切的断面轮廓线,通常用粗实线表示。在可能情况下,被剖切的断面内应画出材料图例,常用的比例是 1∶100 和 1∶200。墙、柱断面内留空面积不大,画材料图例较为困难,可以不画或在描图纸背面涂红;钢筋混凝土的墙、柱断面可用涂黑来表示,以示区别。

不同材料的墙体相接或相交时,相接及相交处要画断;反之,同种材料的墙体相接或相交时则不必在相接与相交处画断。

(2) 未被剖切图的轮廓线,即形体的顶面正投影,如楼地面、窗台、家电、家具陈设、卫生设备、厨房设备等的轮廓线,实际上与断面有相对高差,可用中实线表示。

(3) 纵、横定位轴线用来控制平面图的图像位置,用单点长划线表示,其端部用细实线画圆圈,用来写定位轴线的编号。起主要承重作用的墙、柱部位一般都设定位轴线,非承重次要墙柱部位可另设附加定位轴线。平面图上横向定位轴线编号用阿拉伯数字,自左至右按顺序编写;纵向定位轴线编号用大写的拉丁字母,自下而上按顺序编写。其中,I、O、Z 三个字母不得用作轴线编号,以免分别与 1、0、2 三个数字混淆。

(4) 平面图上的尺寸标注一般分布在图形的内外。凡上下、左右对称的平面图,外部尺寸只标注在图形的下方与左侧。不对称的平面图,要根据具体情况而定,有时甚至图形四周都要标注尺寸。

尺寸分为总尺寸、定位尺寸、细部尺寸三种。总尺寸是建筑物的外轮廓尺寸,是若干定位尺寸之和。定位尺寸是指轴线尺寸,是建筑物构配件如墙体、门、窗、洞口、洁具等,相应于轴线或其他构配件,用以确定位置的尺寸。细部尺寸是指建筑物构配件的详细尺寸。

平面图上的标高,首先要确定底层平面上起主导作用的地面为零点标高。其他水平高度则为其相对标高,低于零点标高者在标高数字前冠以"—"号,高于零点标高者直接标注标高数字。这些标高数字都要标注到小数点后的第三位。

所有尺寸线和标高符号都用细实线表示。线性尺寸以"mm"为单位,标高数字以"m"为单位。

(5) 平面图上门窗符号出现较多,一般 M 代表门,C 代表窗,如图 10-32 所示。

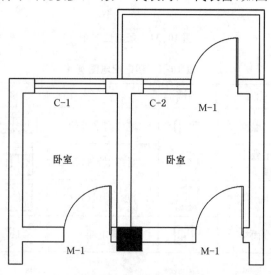

图 10-32 平面图门窗表示

（6）楼梯在平面图上的表示随层有所不同。底层楼梯只能表现下段可见的踏步面与扶手，在剖切处用折断线表示，以上梯段则不用表示出来。在楼梯起步处用细实线加箭头表示上楼方向，并标注"上"字。中间层楼梯应表示上、下梯段踏步面与扶手，用折断线区别上、下梯段的分界线，并在楼梯口用细实线加箭头画出各自的走向和"上""下"的标注。顶层楼梯应表示出自顶层至下一层的可见踏步面与扶手，在楼梯口用细实线加箭头表示下楼的走向，并标注"下"字。

10.3.4 平面图的绘制内容及要点

1）平面图的绘制内容

（1）室内空间的组合关系及各部分的功能关系，室内空间的大小、平面形状、内部分隔、家具陈设、门窗位置及其他设施的平面布置等。

（2）标注各种必要的尺寸，主要家具陈设的平面尺寸，装修构造的定位尺寸、细部尺寸及标高等，并让施工者充分了解垂直构件的结构位置。

（3）反映地面铺装材料的名称及规格、施工工艺要求等。

（4）各立面位置及各房间名、详图索引符号、图例等。

2）平面图的绘制要点

（1）应采用正投影法按比例绘制。

（2）平面布置图中的定位轴线编号应与建筑平面图的轴线编号一致。

（3）比例：常用比例为1:50、1:100、1:200等。

（4）图线：柱子、墙体等用粗实线；未被剖到但可见的建筑结构的轮廓、门、窗用中实线；家具、陈设、电器的外轮廓线用中实线，结构线和填充线用细实线；门弧、窗台、地面材质如地砖、地毯、地板等用细实线；各种符号、尺寸线、引出线按照制图规范设置。

（5）需要画详图的部位应画出相应的索引符号。

（6）绘制室内原始平面图之前，设计师应亲自到现场进行勘测并观察现场环境。测量的同时要了解客户的一些基本需求，研究用户的要求是否可行，以便更加科学、合理地进行设计，这样在后面的设计过程中会更有针对性，目标会更明确，能减少方案修改的次数。

3）平面图的常用图库

表 10-3 平面图的常用图库

名称	参照图例
沙发	
床	

续表 10-3

名称	参照图例
电视柜	
餐桌椅	
衣柜	
厨房	
洁具 马桶	
浴缸	
洗脸盆	
休闲桌椅	

续表 10-3

名称	参照图例
书桌	
健身器材	
植物	

10.4　顶棚图的识读与绘制

10.4.1　顶棚图的形成

顶棚图是假想用一水平剖切面离顶棚 1.5 m 的位置水平剖切后,去掉下半部分,自上而下所得到的水平面的镜像正投影,即顶棚平面的倒影图。顶棚图也可以称为天花图或吊顶图,如图 10-33 所示。

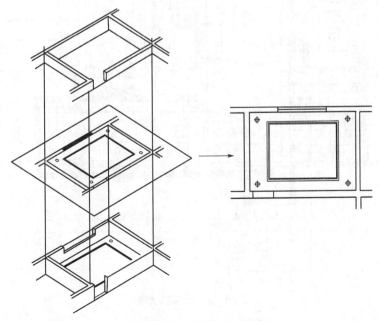

图 10-33　顶棚图的形成

顶棚图要准确完整地表达出顶棚造型、空间层次、电气设备、灯具、音响位置与种类、使用材料、尺寸标注等。

10.4.2　顶棚图的命名

由于平面图表达的内容较多,很难在一张图纸上表达完善,也为了方便表达施工过程中各施工阶段、各施工内容以及各专业供应方阅图的需求,可将顶棚图细分为各项分顶棚平面图,如顶面布置图、顶面尺寸图、顶面索引图、顶面灯控布置图等。当设计较简易时,视具体情况可将上述某几项内容合并在同一张顶棚图上来表达。

1)顶面布置图

(1)表达出剖切线以上的建筑与室内空间的造型及其关系。

(2)表达出顶棚的造型、材料、灯位图例。

(3)表达出门、窗、洞口的位置。

(4)表达出窗帘及窗帘盒。

(5)表达出各顶面的标高关系。

(6)表达出风口、烟感、温感、喷淋、广播、检修口等设备安装位置。

图10-34表示出了顶面的布置情况,有二级吊顶、吊灯、筒灯等各种灯,吊顶上用引出线方式标高表示出吊顶各部分的高度及材料,并绘制了灯具设备表(表10-4)。

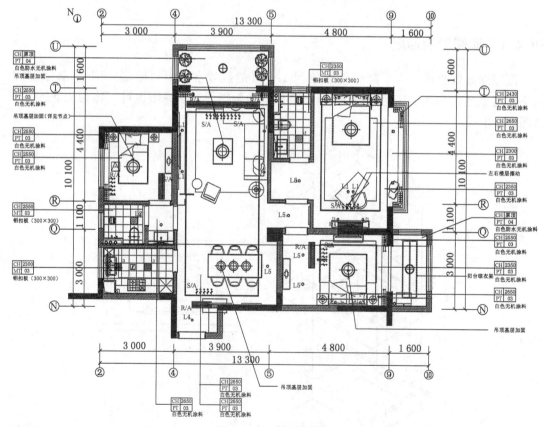

图10-34　顶面布置图

表 10-4　灯具/设备表

图例	名称	图例	名称	图例	名称	图例	名称
L1	暗装射灯	◎L4	感应灯		卫生间吊顶式暖风机		吊灯
	节能筒灯	○L5	暗装筒灯	S/A	送风		火灾探测器
L2	平板灯	—	LED软灯带	R/A	回风	检修口	检修口
L3	平板灯		吸顶灯		检修口		空调风口

2）顶面尺寸图

（1）表达出该部分剖切线以上的建筑与室内空间的造型及关系。

（2）表达出详细的装修、安装尺寸。

（3）表达出顶棚的灯位图例及其他物并注明尺寸。

（4）表达出窗帘、窗帘盒及窗帘轨道。

（5）表达出门、窗、洞口的位置。

（6）表达出风口、烟感、温感、喷淋、广播、检修口等设备安装（需标注尺寸）。

（7）表达出顶棚的装修材料及排版。

（8）表达出顶棚的标高关系。

图 10-35 所示为顶面尺寸图,灯具设备表同表 10-4。

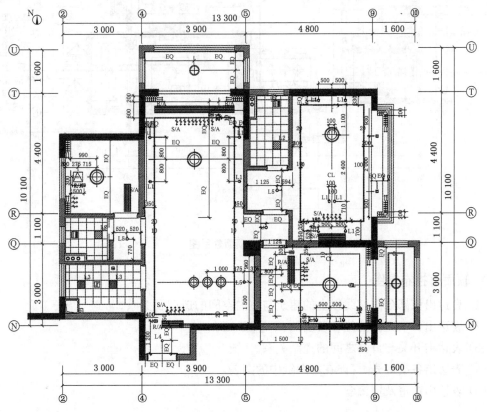

图 10-35　顶面尺寸图

3) 顶面索引图

（1）表达出该部分剖切线以上的建筑与室内空间的造型及关系。

（2）表达出顶棚装修的节点剖切索引号及大样索引号。

（3）表达出顶棚的灯位图例及其他物（不注尺寸）。

（4）表达出窗帘及窗帘盒。

（5）表达出门、窗、洞口的位置。

（6）表达出风口、烟感、温感、喷淋、广播、检修口等设备安装（不注尺寸）。

（7）表达出平顶的装修材料索引编号及排版。

（8）表达出平顶的标高关系。

图 10-36 所示为顶面索引图。

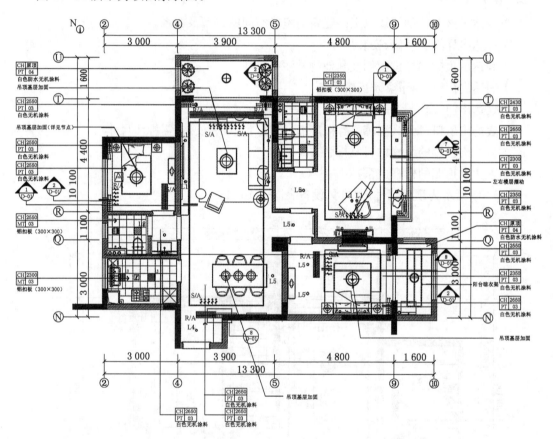

图 10-36 顶面索引图

4) 顶面灯控布置图

（1）表达出该部分剖切线以上的建筑与室内空间的造型及关系。

（2）表达出每一光源的位置及图例（不注尺寸）。

（3）表达出开关与灯具之间的控制关系。

（4）表达出各类灯光、灯饰在本图纸中的图表。

（5）表达出窗帘及窗帘盒。

（6）表达出门、窗、洞口的位置。

（7）表达出顶棚的标高关系。

（8）以弧形细虚线绘制出需连成一体的光源设置。

图 10-37 所示为顶面灯控布置图，表 10-5 为开关注解。

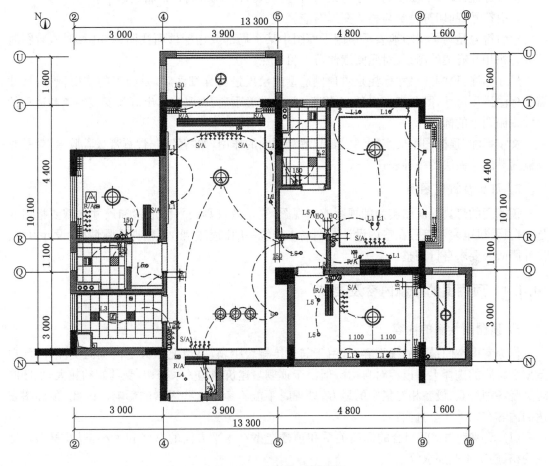

图 10-37　顶面灯控布置图

表 10-5　开关注解

符号	注　解	符号	注　解	符号	注　解
	单联单控控制开关		双联双控控制开关		空调开关
	双联单控控制开关		三联双控控制开关		地暖温控开关
	三联单控控制开关		卫生间暖风机控制开关		新风开关
	单联双控控制开关		空调室内预留电源		一键开关
	双联（单联）一控控制开关		新风主机预留电源		

10.4.3　顶棚图的图示方法

1）符号标注、尺寸标注、文字标注

符号标注：顶棚平面图的符号有索引符号、剖切符号、标高符号、材料索引符号等。

索引符号、剖切符号要与相关图形对应。

索引符号是为了清晰地表示顶棚平面图中某个局部或构配件而注明的详图编号，看图时可以查找相互有关的图纸，对照阅读便可一目了然。

尺寸标注：顶棚图尺寸标注是对顶棚造型的尺度进行详细注解，是施工的重要依据，尺寸需要标注详尽尺寸，既要表示出顶棚造型之间的准确距离，也要表示出灯具安装距离和造型的尺寸顶棚图上的标高。

文字标注：顶棚图中文字标注主要起解释说明的作用，如"轻钢龙骨石膏板乳胶漆"就是对顶棚简易施工做法的一种表达方式。

2）灯具及机电图例

顶棚图的灯具平面图实为仰视图或俯视图，它反映灯具的平面形状和尺寸。需要指出的是，灯具及机电表示符号在室内设计制图尚未有统一的国家标准，可根据实际情况、设计习惯、设计团队的要求自行调整。

10.4.4　顶棚图的绘制内容及要点

1）顶棚图绘制的内容

作为室内空间最大的视觉界面，由于与人接触较少，较多情况下只受视觉的支配，因此在造型和材质的选择上可以相对自由。但由于顶棚与建筑结构关系密切，受其制约较大，顶棚同时又是各种灯具、设备相对集中的地方，处理时不能不考虑这些因素的影响。因此，顶棚图表达的内容有以下几个方面：

（1）反映室内空间组合的标高关系和顶棚造型在水平方向的形状和大小，以及材料名称及规格、施工工艺要求等。

（2）反映顶棚上的灯具、通风口、自动喷淋头、烟感报警器、扬声器等的名称、规格和能够明确其位置的尺寸，并配以图例。

（3）标注详图索引符号、剖切符号、图名与比例。

2）顶棚图绘制要点

（1）顶棚图的比例一般与室内平面图相对应，采用同样的比例。

（2）顶棚图也要标注轴线位置及尺寸。

（3）应根据顶棚的不同造型，标明其水平方向的尺寸和不同层次顶棚的距地标高。

（4）应标明顶棚的材料及规格，应注意图线的等级，图例亦采用通用图例。

10.5 立面图的识读与绘制

10.5.1 立面图的形成

立面图是平行于室内各方向垂直界面的正投影图,该图主要表达室内空间的内部形状、空间高度、门窗形状与高度、墙面装修做法及所用材料等。

剖立面图是指建筑设计中平行于其内部空间立面方向,假想是用一个垂直于轴线的平面将房屋剖开所得到的正投影图。

10.5.2 立面图的种类

1)内视剖立面图

内视剖立面图是指在室内空间见到的内墙面图示,多数是表现单一的室内空间,但也容易扩展到相邻空间。图上要画出墙面布置和工程内容,应做到图像清晰、数据完善,同时,还要把视图中的控制标高、详图索引符号等充实到内视立面图中以满足施工需要。图名应标注房间名称、投影方向。如图 10-38 所示。

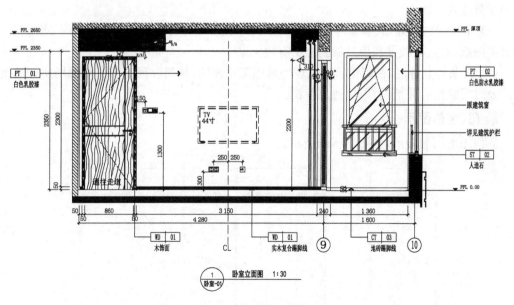

图 10-38 卧室立面图

2)内视剖立面展开图

设想把构成室内空间所环绕的各个墙面拉平放在一个连续的平面图上,即称为内视剖立面展开图。

内视剖立面展开图把各个墙面的图像连在一起,这样可以研究各墙面间的统一和反差效果,观察各墙面的相互衔接关系,可以了解各墙面的相关做法。内视剖立面展开图对室内设计和施工有特殊作用。

10.5.3 立面图的识读及图示

1)立面图识读要点

立面图的识读,应从图名、比例、视图方向、面及所用材料、工艺要求、高度尺寸和相关的安装尺寸等方面识读。具体有以下几点:

(1)看清图名、比例及视图方向。

(2)搞清楚每个立面上有几种不同的面,这些面的造型式样、文字说明、所用材料以及施工工艺要求。

(3)弄清地面标高、吊顶顶棚的高度尺寸。立面图一般都以首层室内地面为零,并以此为基准来标明其他高度,如吊顶顶棚的高度尺寸、楼层底面高度尺寸、吊顶的叠级造型相互关系尺寸等。高于室内基准点的用正号表示,低于室内基准点的用负号表示。

(4)立面上各种不同材料饰面之间的衔接收口较多,要看清收口的方式、工艺和所用材料。收口方法的详图,可在立面剖面图或节点大样图上找出。

(5)弄清结构与建筑结构的衔接,以及结构之间的连接方法。结构间的固定方式应该看清,以便准备施工时需要的预埋件和紧固件。

(6)要注意设施的安装位置、规格尺寸、电源开关、插座的安装位置和安装方式,便于在施工中预留位置。

(7)重视门、窗、隔墙、隔断等设施的高度尺寸和安装尺寸,门、窗开启方向不能搞错。配合有关图纸,对这类数据和信息做到心中有数。

(8)在条件允许时,最好结合施工现场看施工立面图,如果发现立面图与现场实际情况不符应及时反映给有关部门,以免造成差错。

2)门、窗的图示

立面图上门的表示,如图 10-39 所示。

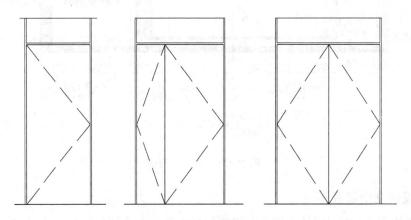

图 10-39 门立面图示

立面图上窗户的表示,如图 10-40 所示。

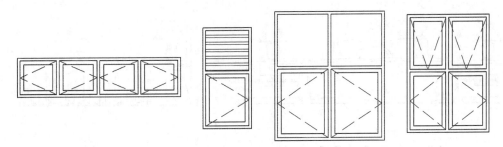

图 10-40 窗立面图示

3）常用家具图示

常用家具如图 10-41 至图 10-45 所示。

图 10-41 常用客厅沙发图示

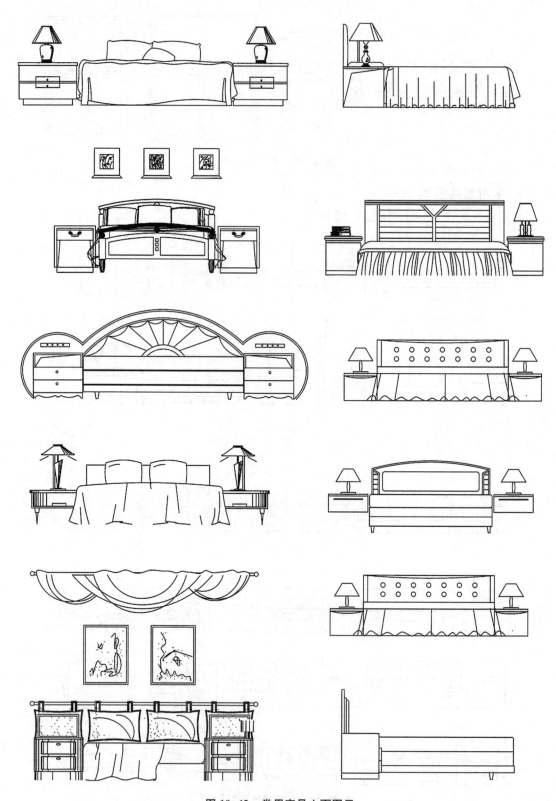

图 10-42　常用家具立面图示

图 10-43　餐桌椅立面图示

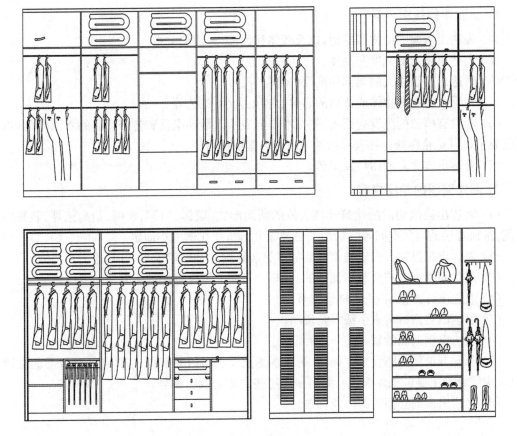

图 10-44　衣柜立面图示

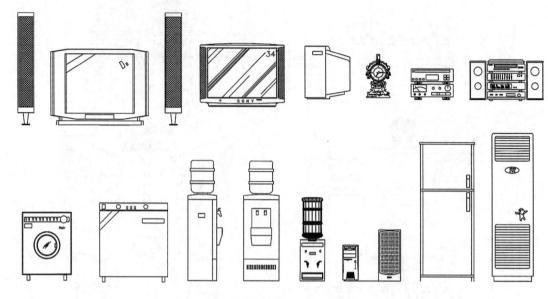

图 10-45　其他电器立面图示

10.5.4　立面图的绘制内容及要点

1）立面图的绘图内容

（1）表达出墙面的结构和造型，以及墙体和顶面、地面的关系。

（2）表达出立面的宽度和高度。

（3）表达出需要放大的局部和剖面的符号等。

（4）表明立面上的物体或造型的名称、内容、大小、工艺等。

（5）若没有单独的陈设立面图，则在本图上表示出活动家具和各陈设品的立面造型（以虚线绘制主要可见轮廓线），并表示出这些内容的索引编号。

（6）表达出该立面的图号及图名。

2）剖立面图的绘图内容

（1）表达出被剖切后的建筑及其装修的断面形式（墙体、门洞、窗洞、抬高地坪、装修内包空间、吊顶背后的内包空间等），断面的绘制深度由所绘比例大小而定。

（2）表达出在投视方向未被剖切到的可见装修内容和固定家具、灯具造型及其他。

（3）剖立面的标高符号与平面图的一样，只是在所需要标注的地方作一引线。

（4）表达出详图索引号、大样索引号。

（5）表达出装修材料索引编号及说明。

（6）表达出该剖面的轴线编号、轴线尺寸。

（7）若没有单独的陈设剖立面图，则在本图上表示出活动家具、灯具和各陈设品的立面造型（以虚线绘制主要可见轮廓线），并表示出这些内容的索引编号。

（8）表达出该剖立面的图号及标题。

3）立面图与剖立面图绘制要点

（1）比例：常用比例为 1：25、1：30、1：40、1：50、1：100 等。

（2）图线：顶、地、墙外轮廓线为粗实线，立面转折线、门窗洞为中实线，填充分割线为细实线，活动家具及陈设可用虚线。

（3）剖立面图应包括投影方向可见的室内轮廓线和装修构造、门窗、构配件、墙面做法、固定家具、灯具、必要的尺寸和标高及需要表达的非固定家具、灯具、物件等。

（4）图名应根据平面图中立面索引号编注。

（5）对称装修面或物体等，在不影响物象表现的情况下，立面图可绘制一半，在对称轴线处画对称符号，如图 10-46 所示。

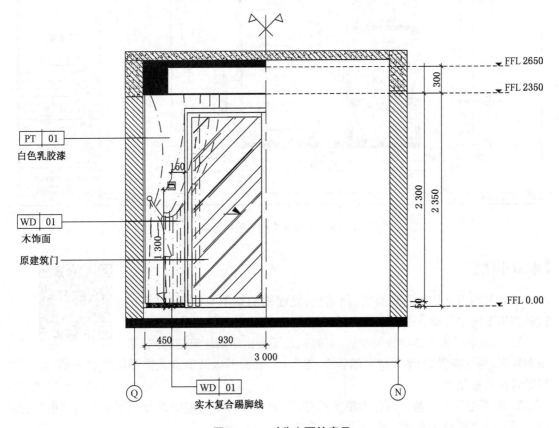

图 10-46　对称立面的表示

【复习思考题】

10.1　建筑装饰施工图可以分为哪几类？它们分别包括哪些内容？

10.2　请参照图 10-47 绘制出一张完整的平面布置图。

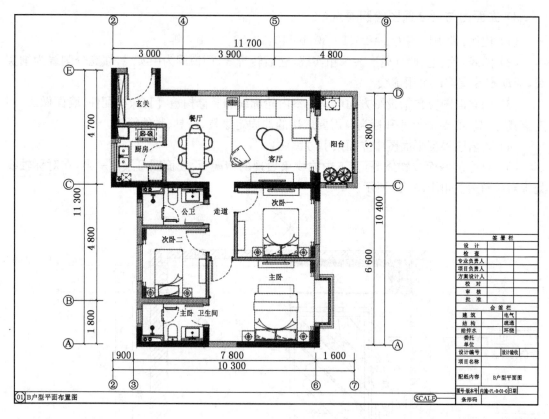

图 10-47　××户型平面布置图

【本章小结】

本章节的目标是掌握平面图、顶面图、立面图的识图与绘制，以及建筑装饰施工图中各类制图符号的图样和标准。

1. 通过学习施工图的分类组成，了解施工图是由原始建筑结构图、平面布置图、顶棚布置图、地面材料铺装图、电气图、立面图以及节点大样图等图组成的，并且了解到各图的绘制内容。

2. 掌握施工图最基础的各类制图符号，了解各个符号的组成部分和表示内容，同时也要严格遵守各个符号的图示标准，不可乱用符号。

3. 掌握平面图的绘制内容和要点，明白如何在平面图中表达出墙体、柱子等建筑构件以及家具、陈设、地铺、强弱电等布置情况，最终绘制出清晰准确的平面施工图。

4. 掌握顶棚图的绘制内容和要点，准确完整地表达出顶棚造型、空间层次、电气设备、灯具、音响位置与种类、使用装饰材料、尺寸标注等。

5. 掌握立面图的绘制内容和要点，表达出室内空间的内部形状、空间高度、门窗形状与高度、墙面的装修做法及所用材料等。

参 考 文 献

[1] 钟训正,等. 建筑制图[M]. 南京:东南大学出版社,2008

[2] 肖明和,等. 建筑工程制图[M]. 2版. 北京:北京大学出版社,2012

[3] 向欣. 建筑构造与识图[M]. 北京:北京邮电大学出版社,2014

[4] 李喜群,等. 室内设计制图[M]. 北京:人民邮电出版社,2014

[5] 魏艳萍,等. 建筑识图与构造[M]. 2版. 北京:中国电力出版社,2014

[6] 高丽荣. 建筑制图[M]. 北京:北京大学出版社,2017

[7] 肖明和. 建筑制图与识图[M]. 2版. 大连:大连理工大学出版社,2018

[8] 谢祖倩. 高职院校《建筑制图与识图》教学方法分析 [J]. 科学教育,2018,1(121):134

[9] 马丽华. 建筑制图与建筑 CAD 相结合教学[J]. 中国培训,2016(24):194